從帝國遠征到世界大戰，
從革命運動到恐怖攻擊，
一部橫跨5000年的人類交戰史

圖鑑 世界戰爭

CHRIS McNAB
克里斯・麥可納布——著

戴榕儀——譯

A HISTORY
OF WAR

From Ancient Warfare To The Global Conflicts Of The 21st Century

目錄 CONTENTS

第 3 章
近代早期戰爭 80

第 4 章
帝國與革命戰爭 114

第 5 章
兩次世界大戰 152

前言

在2016年，劍橋大學萊弗修姆人類演化學研究中心（Leverhulme Center for Human Evolutionary Studies，簡稱LCHES）有一群研究人員，在肯亞圖爾卡納湖西邊30公里處的納塔魯克（Nataruk），發現了一段黑暗的過去：他們挖掘出27具不完整的屍骨，其中包含8個女人和6個孩子，而且從殘留部位的狀態可明顯看出是暴力致死，不僅頭顱、臉部及四肢有鈍器重擊的痕跡，骨頭也碎裂或骨折，還有箭留下的傷痕，甚至有2名男子的頭部和胸腔卡了石製弓箭頭。屍體就遺留在死亡現場，未經埋葬，但因受之後鄰近湖泊的沉積物所覆蓋，最終得以保存。這項發現之所以重要，是因為殘骸的年代最遠可追溯至10500年前，換言之，人類史上最早的戰爭可能就發生在那個時候。

最早的戰爭是以何種形式、在什麼時候，又是因為什麼樣的理由爆發，我們不可能確知。當然，各位看完這本書後，可能會認為人類相殺的心理機制似乎根深蒂固，並未因時間或文化而有任何改變，但戰爭和個人間的互鬥不同，是組織化的暴力衝突，發生於團體、政權或社會之間，通常是起因於進攻或防禦上的特定目的或企圖。戰爭為什麼會出現，確切原因很難說得準，不過人口密度增加，確實會導致同一地的居民爭奪稀少的資源，畢竟史前社會經常處於飢荒邊緣，所以只要敵人試圖侵占狩獵或採集之地，就很容易引發武力鬥爭，且雙方大概很快就開始把打獵器具用於打鬥，工具雖然原始，但仍顯示當時的人已有透過工藝技術取得優勢的想法。早期的武器有以下數種：木製長矛用於戳刺、拋擲，尖端會用火燒硬，以利刺穿目標；另外還有木製或骨製的各種棍棒，可以手握打人、丟擲砸人，或固定在握柄上，利用槓桿增強力道（最後這種做法出現於西元前6000年）。最簡易的手斧可追溯至170萬年前，基本上就是把大致削尖的石頭拿在手裡而已；弓與箭則出現於約6萬年前，是比較新近的發明，但對狩獵及早期戰爭的影響不容小覷，畢竟弓箭在手，就能精準地從遠處射殺敵人，即使對方塊頭、力氣都大得多，也能憑藉技巧勝過兇殘的蠻力。戰爭之所以會演進，武器的設計著實是根本原因之一，約略回顧歷史，便不難發現兩者間的關聯，就算說是日益精良、複雜的武器與軍隊導致戰爭發生，似乎都不為過，畢竟如

這具已成化石的屍骨挖掘自肯亞納塔魯克的墳墓，其主人死於1萬年前的遠古戰爭。在出土的27具骷髏中，4具的手腕處有綑綁的痕跡，顯示可能是遭到計劃性處決。

果不打仗，這些發展又有什麼意義？而且人類向來都愛擴張勢力，哪有回頭把餅畫小的道理。

　　人類學與考古學研究證實，在信史於西元前約4000年開始之際，戰爭已深植於人類文化之中，這點可說是無庸置疑。本書綜覽從當時到現今的戰爭史，詳列重要戰爭、技術躍進，以及透過武力改變世界的人物。砲火之下的故事充滿悲劇，因此我們無法深入探究每個人在每場仗中，必須承受哪些無可避免的混亂、慘痛與暴力。就書中列舉的戰爭而言，成因都很複雜，並不只是像史前時代的祖先為了生存而互鬥而已，而是牽涉到經濟、帝國、殖民、社會、宗教、人口、王朝和領土等各種原因，且涉入其中的是國家、大洲，甚至是全世界。有時，單單一兩個人的野心或一時的憤怒也會引發衝突，導致數千或數百萬人喪命。在每一場戰爭中，奮勇作戰的士兵與拚命想活下來的平民都有屬於自己的故事，而每則故事也都值得用整本書的篇幅娓娓道來。

　　放眼當今的世界，戰爭顯然會繼續存在。這本書只能帶領讀者一窺由古至今的戰爭型態，但若說到未來的發展，則仍需靜觀其變。

刃部敲成闊葉狀的石製弓箭頭，源於史前時代。

現代士兵的小型槍械、制服及運輸工具，都採用了最先進的技術。

第 1 章
遠古及
古代戰爭

自青銅器時代到鐵器時代的約莫 3000 年間，
戰爭的規模與型態都有所改變，從小型的地
區性鬥爭，逐步演變成政權與文化間的大型
衝突，軍隊人數有時甚至上看數萬。

亞述人（Assyrian）對弓箭手的標準極高，並以此聞名。這幅
石板雕刻源於西元前700至692年間，呈現多名亞述弓箭手攻擊
城鎮拉吉（Lachish，位在耶路撒冷附近）的情況。

如前言所述，最早的人類戰爭發生於何時，已因年代久遠而不可考，但遺留至今的墓地和原始武器，仍讓我們可以約略想像人與人之間激烈殘殺的畫面。不過自西元前約4000年起，局面全然改變，從早期的建築設計與文字記錄研判，人類就是在當時進入了組織性戰爭的紀元，邦國或帝國開始指揮結構化的軍隊參戰。這條不歸路開啟後，人性也就一去不回頭了。

戰爭之所以會出現，背後的社會與歷史因素相當複雜，但還是可依大方向追溯至某些根源。在西元前4000至3000年間，大型定居文明開始發展（尤其是在中東、北非、中國與印度），帶來了足以組成大規模軍隊的財富、動機與人口。城邦國家是當時最盛行的社經組織，也是人類文化進程上的先鋒，但各邦的不安全感同時引發了地區性的權力鬥爭，以及王朝間的緊張局勢，導致眾家都緊張兮兮地守護財富，物質上的需求也日益增加。這種局勢催化了侵略心與恐懼，導致軍事化行動如滾雪球般擴張，不僅促成防禦用建築的出現，高度結構化的大規模軍隊也應運而生，以捍衛城邦的利益。對戰爭而言，軍隊的興起是關鍵要素。部隊若要協調地正常運作，必須具備清楚的指揮架構、明確劃分的單位與編制、數量相當的標準化武器、裝備與制服，以及經過商定並透過訓練深植人心的策略教條，且成員最好士氣高昂，抱持共同的使命感。各位讀到本書的後續章節時，就會知道各地、各歷史時期的軍隊在上述層面的條件大不相同，不過首先，且讓我們來一窺美索不達米亞（Mesopotamia）西元前約3500年的組織化軍隊。

19世紀重現的埃及三人戰車示意圖，參考來源為埃及路克索（Luxor）底比斯陵墓（Theban Necropolis）中的拉美西斯二世（Ramesses II，西元前1279至1213年在位）祭殿浮雕。

這片宮廷守衛浮雕位於阿契美尼德王朝的祭祀中心波斯波利斯（Persepolis），年代介於西元前550至330年間，顯示人數與一致性對古代軍隊而言都相當重要。

早期軍隊

從歷史的角度來看，「美索不達米亞」指稱的是底格里斯河（Tigris）和幼發拉底河（Euphrates）之間的區域，西臨地中海，東毗波斯灣，就現今的地理位置而言，涵蓋伊拉克、科威特、敘利亞及土耳其東南部的部分地區。西元前4000至3000年時，當地有眾多城邦，包括基什（Kish）、拉格什（Lagash）、烏魯克（Uruk）和烏爾（Ur），統治上也混合了神權、君權與民主等各種體系。美索不達米亞地區文化豐富，但有很長一段時間都是由蘇美人（Sumerian）和阿卡德人（Akkadian）所統治，且兩個民族都在當地建立了帝國。

除了財富豐饒、發展成熟外，美索不達米亞之所以會特別容易發生戰爭，也是因為各方統治者爭奪王朝繼承權、土地、水、貿易路線、礦物資源、邊界位置及文化霸權。「烏爾皇家軍旗」（Royal Standard of Ur）源於西元前約2500年，目前存放在倫敦大英博物館，是鑲有馬賽克圖樣的木盒，呈現了戰爭與和平的場景，也提供了珍貴的記錄，讓我們得以瞭解早期蘇美軍隊的編制與戰術。描繪戰爭的那一側共有3層，表現出蘇美士兵在邊境作戰的情景。在最上面的那層，擔任總指揮官的國王高高地站在正中央，可能是死於西元前約2500年的烏爾帕比薩（Ur-Pabilsag）。位在他前方的是已被烏爾軍隊征服的敵方戰俘，而他背後則是由騾或驢拖行的四輪皇家戰車，以及手握長矛和小型戰斧的皇家護衛隊。

木盒第2層的蘇美步兵緊密排成交疊的隊伍，一同將長矛指向敵人。所有士兵的裝束全都相同，頂上戴著金屬頭盔，身穿帶短釘的披風，可能是當做盔甲之用。附內襯的多層厚皮革加上金屬條或飾釘後，就是基本款的盔甲，一直到中世紀都仍為戰士提供防護，讓他們免於劍砍與戳刺。相較之下，上段提到的皇家護衛隊則輕便許多，是所謂的「輕裝步兵」（見下圖）。

烏爾皇家軍旗，記錄戰爭的那一側。最左側及底部的戰車採用固定式的笨重車輪，速度和靈活度可能都不理想。

盒子最底層的，則是在行進中輾過敵人的蘇美戰車。這些戰車（其實嚴格來說，應該只能說是戰時的運輸工具，因為真正的戰車通常都迅速又敏捷）前方架高以保護駕駛，車底有4顆結實的木輪，由2匹動物拖行，控制上則借助常用於古代農業運輸的軛與韁繩。每台車可坐2人，分別是駕駛及長矛兵或標槍兵；士兵皆站在車尾的平台，左手放在駕駛肩上以保持平衡。

軍隊組成

說到古代軍隊的組成及作戰方式，烏爾皇家軍旗相當實用，可做為討論的起始點。我們可以根據基本的戰略角色，將木盒描繪的蘇美軍隊成員分成以下幾類：

指揮官：國王是軍隊的最高統帥，不過戰場上的單位層級指揮工作，實際上是依次派給各級將領，其中層級最低的，就是前線部隊的小隊長。古代軍隊中央集權的程度各有差異，和現代的情況一樣，但一般而言，很少有前線部隊能擅自決定要實行哪些戰術，相較之下，當今的軍隊則多半希望能獨立決策。

西元前約720年的亞述浮雕。弓箭手與敵軍交戰時，站在美索不達米亞的堡壘上放箭壓制，這樣敵方的防禦戰隊勢必得低頭躲箭，讓突擊兵得以趁機從攻城梯或地道推進，以攻擊要塞。

步兵：古代步兵大致可分成「重裝」和「輕裝」兩種，事實上，現代步兵也多少都適用這個分類原則。重裝步兵在作戰時，彼此通常靠得很近，會排成楔形突擊部隊，以長矛制敵，近身戰時則使用手斧、錘矛與劍。軍隊資金若足夠，有時會提供裝甲與頭盔作為保護，而盾牌則通常以柳條製成，或是木頭外包覆皮革或金屬，形狀與大小不一而足。重裝步兵因為手執武器、身穿盔甲且排列緊密，移動時相對較慢，也比較制式化，但威力強大，是軍隊在戰場上的進攻核心；相較之下，輕裝步兵的裝束與武器（劍、匕首、輕型標槍和飛矛）都比較輕便，陣式也較為鬆散、靈活，所以通常負責小規模的前哨戰，以敏捷的攻擊侵襲敵軍，在重裝步兵開展主要戰線前，先打亂敵方隊形，或是施展速度型的戰術，像是趁側翼有空隙時迅速出擊。

禿鷹碑（約西元前2450年）上的細部圖案。右側的人是拉格什的恩納圖姆國王（King Eannatum），他舉起手要握住長矛（該部分已佚失），身後則跟著前進中的方陣步兵。

機動部隊：此處所說的「機動部隊」，指的是由士兵駕乘軍用運輸工具，或是後來發展較為完備的戰車。不過，隨著我們探討的年代推進，這個詞的定義也會逐漸變成駕馬的騎兵。機動兵可擔任突擊部隊的角色，駕車衝進敵方戰陣，以劍、長矛與標槍出擊，接著則通常會馬上撤退，準備再次衝鋒陷陣；另一方面，他們也身兼快速應變小組，在敵人遲疑或隊形被打亂時趁機猛攻，有時甚至會長驅直入敵軍的步兵陣中，藉以衝破軍陣，但這種戰術並不常用，畢竟拉車的馬若面臨刀與長矛架成的銅牆鐵壁，還敢毫無顧忌地伸頭猛衝的很少。

從古代文物研判，當時的軍隊確實是以上述型態為基本運作模式，譬如西元前約2460年的「禿鷹碑」（Stele of Vultures）就能作為佐證。這個勝利記念碑意在頌揚拉格什擊敗溫馬（Umma），上頭又再次出現了排列緊密的步兵，個個戴著頭盔，手拿盾牌與長矛，總共6排，另外還有負責擲標槍的戰車部隊。這塊已碎成數片的石碑雖未清楚描繪輕裝步兵，但我們還是能找到幾個配有長矛與手斧，卻沒拿盾牌的輕裝士兵。

除了前述兵種外，也不能不提到「投擲部隊」，只不過有些人可能會視之為步兵與機動部隊底下的子類別。這種部隊的職責在於以丟擲或其他驅動方式，讓拋射型的武器飛向敵軍，譬如我們先前曾提過的標槍與飛矛。一般而言，這類輕型武器僅以手臂的力量扔，不過當時也有以打獵工具改製而成的輔助裝置，讓士兵能施加較強的槓桿作用，藉以提高射程。普遍而言，單用手就能把標槍丟到15至20公尺遠處，若有器械輔助，則可再多個10公尺。

同樣能飛很遠的還有箭，若交到訓練有素的人手中，更能確保射程與精準度。在大團步兵靠近敵軍之前，弓箭手早早就能從遠處消耗對手兵力，還能以驚人的準確度攻擊特定目標（如敵方指揮官），在多數的古代戰爭中，他們都是至關重要的角色。最早的作戰用弓稱為「單體弓」（self-bow），由單單一塊木材製成，雖然有用，效果卻也受濕度及溫度改變等環境因素影響；此外，由於必須在箭手拉弓時提供足夠的彈性位能，所以弓都做得很長，不適合陣形緊密的步兵或騎馬時使用。不過到了西元前3000至2000年間，複合弓開始出現。這種弓比較短，主要材料是木頭，弓面和弓背則分別用上動物的腱與角。因為是以薄層黏製而成，所以體積雖小，卻能產生相當大的威力，技巧優良的兵若拿最好的弓，射程可遠及175公尺左右，即使人在戰車甚至馬上，使用起來依舊很順手。斯基泰（Scythian）和亞述等民族就因射箭技術高強而聞名，對他們來說，這種技巧必須從小就開始培養、訓練。

提格拉特帕拉沙爾三世宮殿的浮雕，位於哈達圖（Hadatu），也就是現代敘利亞的阿斯蘭塔舒（Arslan Tash）。當中的戰車已臻完美，單軸的輻條式車輪設計帶來了優異的靈活度，行至崎嶇地時也能適度提供避震效果。

⊙ 紅銅、青銅與鐵製武器

古代冶金術的發展對戰爭演變具有關鍵性的影響，影響特別深的又包括手持式武器的致命性、耐久性與大量製造的可行性。最早的金屬武器純粹以紅銅製成，這種材質發現於西元前7000年，地點可能在安納托力亞（Anatolia）；到了西元前4000年時，已廣泛用於美索不達米亞與埃及，並開始傳入印度、中國與歐洲。紅銅的問題在於本質柔軟，打仗時容易彎折、斷裂或銼鈍，不過混入錫後可製成青銅，不僅硬度會大幅增加，還能抵擋更為鋒利的刀刃，也因為這個關鍵優勢，所以很適合製成劍與匕首。青銅最早是由蘇美人於西元前約2800年開始使用，千年後也傳到世界各地。不過這種材料並非沒有缺點，雖然能製出精美武器，但價格不斐，因此不適合大規模的步兵團使用。關鍵性的突破發生於西元前約1500年，也就是人類開始使用鐵器的時刻。鐵雖然比紅銅與錫都難處理，而且在基態時比青銅來得更軟，但卻有個顯著優勢，那就是量非常多。在西元前11世紀，人類學會透過冶煉將木炭中的碳元素轉移到鐵之中，提煉出極度適合做成武器的鋼，不但耐久性佳、價格不貴，又能承受銳利的尖端與刀刃，所以鐵在製武領域的價值也大幅躍升。鐵與鋼出現後，其他金屬就多半只用於純粹供儀式之用的兵器了。

古代波斯的寬葉狀矛頭，能戳刺出又深又廣的傷口。

在古代的投擲型武器中，投石索能飛得最遠，原理是用離心力將小石頭（後來則用小鉛彈頭取代）拋甩出去，距離可達400公尺甚至更遠，速度則可快至每秒100公尺。古代最以投石索聞名的，就屬聖經故事〈大衛和歌利亞〉（David and Goliath）中的大衛了，而且他丟中歌利亞額頭正中心的事蹟也並不誇張：只要訓練有素，士兵都不難從近距離打中特定的人類目標，有時甚至能擊穿盔甲，事實上，古代堡壘的泥磚牆裡就曾發現過投石索用的石頭。

輕裝與重裝士兵、戰車、騎兵及投擲型武器都是古代軍隊的基本要素，而指揮官則得負責研判如何以最有效的方式搭配，並在正確的時間點應用於戰場當中，徹底發揮兵力與武器的力量，才能取得關鍵成效，凱旋而歸。

聖經故事〈大衛和歌利亞〉不僅富有道德意涵，也間接讓我們瞭解到，投石索要是使得熟練，威力可不容小覷，若以遠程高軌道的方式拋擲，甚至還可以丟到數百公尺之外。

軍事政權的崛起

在西元前3000到1000年之間，美索不達米亞、中東和地中海東岸都有城邦穩定興起，並發展出帝國等級的勢力，軍隊規模隨之拓展，戰力也跟著增強，進而助長了政治與地理上的擴張。除了先前討論過的蘇美軍隊外，其他勢力也很快就開始以各種手段，企圖在爭戰中搶下一席之地，如薩爾貢大帝（Sargon of Akkad）在西元前2340至2284年的征服行動中，帶領約5400人的常備軍（包括四輪戰車兵和配有複合弓的弓箭手），占領其他地區性城邦的領土，建立了美索不達米亞的第一個帝國，疆域與現今的伊拉克大致重疊；另外在亞述、巴比倫與埃及，也有其他王國誕生，例如巴比倫統治者漢摩拉比（Hammurabi，西元前約1792至1750年在位）就在西元前18世紀背叛了先前的盟友，由東西兩側分別朝波斯灣和敘利亞沙漠（Syrian Desert）開疆拓土。

早期蘇美統治者麥斯卡拉姆杜格（Meskalamdug，活躍於西元前約2600年）的金製頭盔。這件精緻的軍用品現存於大英博物館。

不過最有助於瞭解古代戰爭的史料,其實是源自新王國時期(西元前16至11世紀)的埃及。在這段期間,法老企圖在自家邊境與黎凡特(Levant)的敵對勢力間劃定緩衝區來保護領土,所以當時已稱霸北非的埃及便與阿拉伯半島內外的競爭者爆發衝突,因之而起的戰爭也清楚顯示埃及是如何善用戰略,而不只是靠蠻力與大量兵力在征戰中取得優勢。舉例而言,在西元前約1468年的米吉多戰役(Battle of Megiddo)中,法老圖特摩斯三世(Thutmosis III,西元前約1479至1425年在位)決定採險計改走狹窄的阿路納山徑(Aruna Pass),以戰略搶得先機,在巴勒斯坦智取米吉多和卡疊石(Kadesh)王子共同率領的軍隊。山徑險阻難行,卻有出奇致勝的效果,因為走這條路容易遭襲,所以敵方自然以為他會避開。

不過就歷史有記載的戰役而言,新王國時期的埃及表現最精彩的一場,是西元前約1275年的卡疊石之戰,由法老拉美西斯二世領軍,對抗敘利亞西部的西台(Hittite)國王穆瓦塔里二世(Muwatalli II)。西台士兵以敏捷的兩輪雙人戰車發動大規模攻擊,在埃及軍入侵卡疊石北部之際,從奧龍特斯河(Orontes River)對岸猛

位於埃及阿布辛貝(Abu Simbel)的神殿中,描繪了偉大的國王拉美西斯二世。他正要祭出痛擊以懲治敵人,手舉在空中的是古代中東常見的武器青銅製E形斧。

法老王哈謝普蘇（Hatshepsut，西元前約1479年至1458年1月16日）陵墓的浮雕，描繪於西元前1493年出征邦特之地（Land of Punt）的埃及士兵。最前方的戰士雖手持鐮刀劍，但他們主要的武器其實是小頭戰斧。

攻，一開始似乎有機會將敵方陣隊殺成兩半，一舉得勝，但拉美西斯二世親自帶領戰隊，從北方有效回擊，且援兵也從西邊與南方抵達，因此埃及終究反敗為勝，只不過依據後來的和平協議，卡疊石仍歸西台所有。

在那之後，埃及又強大了一世紀，但在拉美西斯三世（Ramesses III，西元前1186至1155年在位）統治期間，權力根基開始遭到「海上民族」（Sea Peoples）侵蝕。海上民族究竟包含哪些種族與政治勢力，歷史上多有爭議，但可以確定的是，他們在海陸戰場都屢屢致勝，打得埃及疲憊不堪，而早期這些海上交鋒也為往後的古代海戰奠定了作戰模式：划槳型船隻的吃水線下方設有進攻錘，士兵會迅速划向敵軍相似的船並用力衝撞，企圖將對手擊沉，或先推進到距離夠近的地方，再火速出手，來場標槍、投石索和弓箭滿天飛的投射大戰；此外，早期的船隻也會掛勾在一塊兒，以利海軍和水手登上敵方戰船，在甲板上近身互搏。從許多角度來看，這些原始軍艦只是為步兵提供了海上交戰的平台，船隻本身並不具攻擊作用。

軍事帝國

在西元前1000至500年，美索不達米亞地區的帝國勢力來到高峰，軍隊的擴編規模令人畏懼（不過經常有誇大之嫌），使軍事管控與指揮需求增加，而帝國內部的各邦對戰略、技術及組織方式也各有自家偏好，譬如有些邦國箭術傳統悠久，有些則喜歡騎馬打仗。這段時期值得一提的是，在西元前8世紀，以個體為單位的騎兵逐漸開始取代多人戰車，帶來更快的速度、更高的機動性及更靈活的戰略。騎兵配備長矛、標槍與弓箭，雖然坐騎並不平穩，但即使在馬兒疾速奔馳的情況下，斯基泰等民族的精良弓箭騎兵仍有辦法射中人類目標。

在西元前9至7世紀間，亞述王國在軍事領袖沙爾馬那塞爾三世（Shalmaneser III，西元前859至824年在位）、提格拉特帕拉沙爾三世（西元前745至727年在位）、辛那赫里布（Sennacherib，西元前705至681年在位）和亞述巴尼拔（Ashurbanipal，西元前669至631年在位）等人的帶領下擴張領土，成為美索不達米亞最具威望的區域性帝國，憑藉漸趨專業化的軍隊，打敗胡里安人（Hurrian）、西台人、埃及人和猶地亞人（Judaean），享受了一段光輝歲月。亞述部隊一開始只是季節性的義勇軍，也就是在照顧社會上重要的農業工作（例如收成）之餘，若有多出來的人力，才會招募而成的民兵組織，不過隨著時代演進，亞述也建立了大型常備軍（尤其是在提格拉特帕拉沙爾三世在位時期），藉以維護並拓展帝國。軍隊混合了戰車部隊、騎兵、弓箭手與步兵，由正式的專業將領掌管，並嚴格劃分成10人、100人及1000人的單位。

行進中的亞述雙人戰車。由此，我們可清楚看出平台上的弓箭手能在戰車高速移動時，精準地射中點狀目標（以戰爭而言，就是敵方士兵）。

亞述士兵能迅速改換方向、集中火力，是戰場常勝軍，而且也很擅長古代戰爭的另一種重要打法，那就是「圍城」。在西元前701年，辛那赫里布的軍隊圍攻了猶大王國（Kingdom of Judah）的城市拉吉，實際操演方式記錄於他宮殿內的浮雕，對歷史研究很有幫助。當中描繪的圍城戰術精巧繁複，許多原則與技術都一直沿用到中世紀。亞述軍先是圍住拉吉城以封鎖戰線，然後由士兵持盾為弓箭手頭頂提供掩護，而弓箭手則射箭壓制城垛上的對手；亞述工程技師同樣會在相似的掩護之下，挖地道暗中作業，以削弱堡壘根基，並且會鋪出斜坡，讓攻城用的四輪木塔得以拖至城牆邊，再以內置的進攻錘將之擊碎；在投石索兵與弓箭手對猶地亞人猛攻之際，其他步兵就從突襲梯爬到牆上，最後，拉吉城就此淪陷，而向來以殘暴聞名的亞述人，也屠殺了城裡大部分的居民。

亞述帝國一直到西元前7世紀都相當強盛，但卻在該世紀中葉開始迅速瓦解，

亞述軍隊於西元前701年圍攻拉吉，打敗了猶大王國。圖為拉吉浮雕中的一部分，描繪雙手綁死的獄囚排成一長列，即將帶到國王辛那赫里布面前。

主要原因在於巴比倫與米底人（Median）的結盟，他們於西元前612年突襲亞述首都尼尼微（Nineveh），並在圍攻3個月後將之拿下。在西元前7世紀末，勢力大衰的亞述王國已奄奄一息，領土也一再被其他新興帝國瓜分。

尼尼微淪陷後，巴比倫、埃及、以色列等其他帝國與城邦便開始搶奪該地區的兵家必爭之地，不過要想取勝，光是軍隊龐大還不夠，將領也必須有本事才行，而波斯的居魯士大帝（Cyrus the Great，西元前559至530年在位）正是這個道理的最佳代言人。有創意也滿懷野心的他建立了阿契美尼德王朝（Achaemenid Empire），掌權初期就展現出軍事才能，西元前546年在里底亞（Lydia）首都薩第斯（Sardis）面對人數大占優勢的里底亞盟軍時，他下令遭受攻擊的部隊排成防禦方陣，外圍以長矛架成防線，再從中央對外放箭，讓敵軍無法靠近。這個戰術打亂了敵方進攻的腳步，

波斯國王居魯士二世。他四處征戰，不斷占領土地，建立出波斯第一帝國阿契美尼德王朝，因而素有「大帝」之稱。

也讓居魯士終於有機會反攻，不久後便拿下薩第斯。在西元前539年，他又在俄庇斯（Opis）打敗了巴比倫軍，進而圍攻巴比倫城，最後也順利將其攻陷，這時，美索不達米亞北部、安那托利亞的多數地區及伊朗西部，基本上都已歸他所有。不過，後來的波斯統治者在企圖將希臘納入帝國版圖時，終究還是棋逢敵手，關於這段歷史，我們之後會再詳加討論。

這塊精美的彩色作品位於大流士大帝（Darius the Great）在蘇薩（Susa）的宮殿，描繪波斯弓箭手背著末端反彎的複合弓，並以大型箭筒收放大量的箭。

在繼續探討往後的歷史前，波斯軍隊有幾個特點必須要先說明。波斯與許多古代帝國一樣，都是從不太正式的季節性兵力起家，一開始只有從當地結盟部落招募的民兵，但很快就經歷了軍事專業化並迅速發展。以下列出居魯士的幾項改革：

- 將重裝步兵集結成名為「長生軍」（Immortals）的菁英部隊，既是常備軍的核心，也負責保衛皇室。之所以這麼取名，是因為人數永遠維持在1萬人不變，無論士兵戰死沙場或因病致死，都會馬上有人替補。

- 居魯士剛掌權時，騎兵在軍中的比例是10%，但在他的掌管下提升至20%，凸顯出這個兵種在戰場上的重要性，無論輕重裝都不例外。

- 許多波斯戰車的車輪中央會裝設鐮刀，在與敵軍的前線步兵近距離過招時，極具殺傷力。

- 在居魯士親自監督下，波斯軍的後勤作業大幅改善，因而能勝任長距離的軍事行動。獲任的軍需管理官會負責處理補給、紮營、衛生用品與各式裝備的所有事務，而居魯士也要求各地的波斯總督（satrap）隨時備好食糧，以支援軍隊出征。

- 由專業工程技師群負責造路與橋，以利大型軍隊迅速部署。

古希臘與希臘化時代的戰爭

波斯王國興起時，希臘地區有許多規模相對較小的城邦，各憑一己之力或結成地區同盟求生存。由於城邦之間常發生摩擦，所以當地各民族的戰鬥心態都很強，這種精神也深植於荷馬在西元前7、8世紀寫成的兩部偉大戰爭作品：《伊利亞德》（Iliad）詳述了史詩般的特洛伊戰爭（Trojan War）；《奧德賽》（Odyssey）則記錄奧德修斯（Odysseus）在特洛伊殞落後長達10年的旅途。

在馬其頓的腓力二世（Philip II of Macedon，西元前359至336年在位）掌權前，組成希臘軍隊的是民兵，也就是平時為自由之身，但有必要時需服役的男性。由於希臘地形多山，所以軍隊多仰賴重裝步兵，而不著重騎兵，不過腓力二世同樣改變了這樣的情況。重裝步兵身著包覆範圍完整的盔甲，佩帶大型木製盾牌，以大約2、3公尺的長矛為主要武器，短劍則是備用。上戰場時，部隊會密集地聚成方陣，縱深通常共有8排，必須仰賴紀律才能排得整齊有秩序；由於人數龐大，士兵伸出長矛後，可形成一道尖刺的牆來逼退敵人。

希臘方陣的重點在於集中大量兵力，並由前排士兵架出如林的長矛，無懼無悔地持續推進。不過這種陣式機動性太低，在騎兵時代到來後，便逐漸遭到淘汰。

手持圓盾的希臘重裝步兵。這種盾牌直徑1公尺，最好以柳樹這類的輕量木材製成。

在西元前5世紀初，雅典和斯巴達是希臘最強盛的城邦，各自坐擁精良的軍隊，尤其斯巴達更具有獨特的戰士文化，所有男性公民從7歲起就都必須接受訓練，以鍛鍊心志、培養武器使用技巧，這樣真正上戰場時，才能兇殘殺敵、毫不畏懼。

在西元前5世紀初期，波斯帝國在大流士大帝的帶領下不斷擴張，並於西元前490年大舉入侵希臘，充分考驗了主要標靶雅典、斯巴達以及其他許多城邦的軍事實力，其中，雅典重裝步兵在城邦北邊的馬拉松灣（Bay of Marathon）平原贏得了名留青史的勝利，至今仍為人稱道。當時，波斯大軍多達約2萬5000人，進入馬拉松灣後卻被僅萬人的步兵團殺得措手不及。希臘指揮官米太亞德（Miltiades）祭出著名的策略，刻意減少方陣中央的兵力，等到敵方反擊至該處時再從旁夾擊，圍攻波斯軍陣的中心。逃過陷阱、並在後續追擊中倖免於難的波斯士兵連忙撤回船艦，揚帆而去，雅典也就這麼存活了下來。

在馬拉松一役中，希臘部隊利用河流與高地困住敵軍。波斯大軍人數雖占優勢，但入侵時仍遭兩側夾擊。

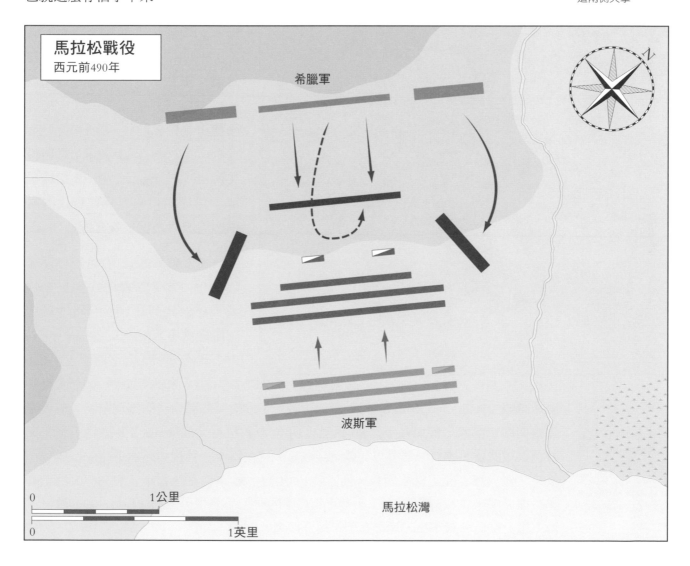

馬拉松戰役
西元前490年

希臘軍

波斯軍

0　　　　1公里

0　　　　1英里

馬拉松灣

在10年後的西元前480年8月，大流士滿懷野心的兒子薛西斯（Xerxes）決定替落敗的父王報仇，於是再度入侵希臘，而且此次的規模巨幅擴增，可能有20萬人之多，但斯巴達300壯士和大約1000名希臘同盟軍出人意表地自我犧牲，成功在溫泉關（Thermopylae）狹窄的灣側通道擋下波斯大軍，造成2萬人左右的死傷，然後才全數遭到殲滅。後來波斯軍繼續推進，希望能拿下雅典，但雅典艦隊在薩拉米斯戰役（Battle of Salamis）中擊潰入侵戰艦，斷絕了波斯陸軍的軍需供應以及在灣岸的交通方式。最後希臘軍在西元前479年的普拉提亞（Battle of Plataea）及米卡勒戰役（Battle of Mycale）中一舉得勝，顯示恪守紀律的方陣確實比混亂四散的波斯大軍來得強勁。

希臘雖於西元前5世紀初期剷除外患，後來卻深陷內部自相殘殺。在西元前431至404年的伯羅奔尼撒戰爭（Peloponnesian War）中，雅典率領的提洛同盟（Delian League）和斯巴達率領的伯羅奔尼撒聯盟（Peloponnesian League）斷續交戰，不過前者的戰爭決策出現漏洞，最後導致整個同盟落敗，譬如在西元前415至413年圍攻敘拉古（Syracuse）時戰略不足，又缺乏攻城武器，讓斯巴達得以突破圍城戰線，更在雅典士兵從山路撤退時加以痛擊。後來，雅典軍在陸上深陷圍攻，西元前405年時，艦隊也在色雷斯（Thrace）沿岸的伊哥波斯塔米（Aegospotami），被本領高強的斯巴達將領呂山德（Lysander）擊垮，海上戰力從此一蹶不振，最後在隔年被迫投降。

這幅作品以美化的手法，呈現斯巴達戰士是如何在溫泉關把對手逼入窄道，以彌補人數上的弱勢，並得以在條件較為平等的情況下與波斯軍決戰。

雅典戰敗後，希臘開始有新勢力崛起，在底比斯戰爭（Theban Wars，西元前378至362年的）中，底比斯軍隊於西元前371年在留克特拉（Leuctra）重挫斯巴達，到了西元前362年，又在曼丁尼亞（Mantinea）大敗雅典與斯巴達聯軍，而這2次勝利都可歸功於底比斯將軍伊巴密濃達（Epaminondas）。才幹過人的他彈性調整了重裝步兵的排列方式，大幅減弱其中一側的兵力並強化另一側，藉以打亂敵方軍陣。不過伊巴密濃達在曼丁尼亞戰役的最後階段遭到殺害，也間接造成了底比斯的衰敗。

　　話雖如此，底比斯的發展之所以受限，主要其實是因為馬其頓（Macedon）的崛起完全搶去了其風采。馬其頓王國位於希臘北部，之所以能一鳴驚人，必須歸功於腓力二世和亞歷山大三世（Alexander III，西元前336至323年在位，也就是一般所稱的亞歷山大大帝）。在人類軍事史上，這對父子都擁有舉足輕重的地位。

古代希臘戰士的武裝程度差異甚大，有些人作戰時幾乎不穿戴任何盔甲，有些人則有青銅、皮革或層壓亞麻製的裝束大範圍保護。

腓力二世透過組織、訓練、武器與戰術制定上的革新，對軍隊進行了大規模改造，不僅加深方陣，也拉寬了士兵之間的距離，讓他們在近身交戰時，有較大的空間可以施展。他統治之下的方陣兵分為兩種：持4公尺薩里沙長矛（Sarissa spear）的重裝步兵（pezetaeri），以及機動性較強、速度較快的持盾衛隊（hypaspist，通常配置於右翼，作為定位依據），此外還有配備弓箭、投石索與標槍的輕盾兵（peltast）擔任散兵角色，負責打前哨戰。另一方面，訓練有素的騎兵人數眾多，在馬其頓軍隊中也是不可或缺的要角，其中又可分為貴族菁英組成的皇家禁衛騎兵（Companion Cavalry）和戰力堅強的色薩利傭兵（Thessalian mercenary）。腓力二世更引進了投石機和弩砲這兩種可拋射飛矛與石頭的重型武器，是使用野戰砲的先驅之一。綜合上述原因，馬其頓結構優良的部隊面對任何戰爭，都很有贏面。

在西元前338年的喀羅尼亞戰役（Battle of Chaeronea）中，腓力二世和帶領馬其頓騎兵的亞歷山大三世殲滅了底比斯與雅典聯軍，取得希臘的控制權，也證明了軍隊改革的價值。在那之後，腓力二世將眼光往東延伸至波斯，只可惜征服行動隨著他在西元前336年遭暗殺而中斷，但亞歷山大三世繼承父志，建構出古代世界疆域最廣的王國，也名留青史，成為歷史上最受稱頌的軍事將領之一。

亞歷山大三世鞏固對希臘的統治後，開始往東南發展，且屢戰屢勝，最後帝國版圖從希臘一路向西延伸至埃及，並橫越波斯，抵達印度北部。他打的每一場勝仗都有研究價值，可讓我們學習到導向式的進攻手法與大膽果斷的戰略。舉例而言，在西元前333年11月的伊蘇斯戰爭（Battle of Issus）中，亞歷山大增強方陣中央的兵力，再搭配從側翼夾擊的騎兵，打敗了人數多達己方3倍的波斯大軍；在別稱阿貝拉戰役（Battle of Arbela）的高加米拉戰役（Battle of Gaugamela）中，他也以類似的手法擊退敵軍：這次波斯軍人數雖多達4倍，卻仍在具有人海優勢的情況下潰

馬其頓國王腓力二世的頭像。他的軍事戰績為亞歷山大三世打下基礎，讓兒子進而創造出更輝煌的勝利。馬其頓方陣的效率之所以能提升，這對父子都大有貢獻。

敗，讓亞歷山大稱霸帝國首都巴比倫。西元前326年，他在印度北部的希達斯皮斯河（Hydaspes River）採取水陸齊攻的策略，讓部分士兵於夜間過河，並派出輕裝標槍部隊驚嚇敵方戰象，再讓騎兵與步兵攜手出擊，傾覆了旁遮普（Punjab）國王波魯斯（Porus）的軍隊。

亞歷山大不僅計謀過人，在統治策略上也極具智慧，在征服占領而來的地區，大致都允許人民延續原先的文化與風俗，自己甚至也採納許多波斯禮節，因而結交到許多盟友，開展出廣大的帝國網絡。不過，亞歷山大似乎是維繫各地向心力的唯一力量，在他於西元前323年過世後，其他王國與政權就開始侵吞馬其頓的領土，導致帝國逐漸分崩離析。最後，羅馬帝國在西元前2世紀征服了希臘，還一路登峰造極，成為古代世界的最強勢力。

龐貝城（Pompeii）著名的亞歷山大馬賽克（Alexander Mosaic）。亞歷山大大帝位在左側，正以長矛刺殺波斯士兵。這幅場景是他在西元前333年的伊蘇斯戰役中，與右側戰車上的波斯國王大流士三世交戰的場面。

戰爭機器羅馬軍團

　　羅馬帝國的故事前前後後共牽涉到千餘年的歷史，所以本書不會詳細討論，但顯而易見的是，如果沒有傑出的軍隊，羅馬也不可能以小小城邦之姿，發展成史上規模最大、壽命最長的帝國。羅馬軍成立於西元前6世紀，一開始是民兵組織，只有在必須執行特殊任務時徵召人力，經過數個世紀的發展及多次改革後，才終於蛻變成戰力堅強的常勝軍。

　　在西元前5至3世紀間，羅馬穩定地在義大利逐步拓展主要領土，並將勢力進一步延伸到希臘位於地中海沿岸的邊角地帶，但也因而征戰不斷，難有寧息之日。各位可能會很訝異，以這段時期的大小戰爭而言，羅馬的敗績和勝場數其實相差不遠。譬如在西元前390年，北歐的凱爾特人（Celts）以著名的旋風式戰法，把此時仍拘泥於固定戰略的羅馬軍打得無法招架，他們在阿里亞河（Allia）獲勝後，便前進羅馬城並占領了多數城區，最後是因為收到大量貢品才撤退；在西元前321年的卡夫丁峽谷戰役（Battle of the Caudine Forks），羅馬部隊則被埋伏於山路的薩莫奈人

時至今日，我們仍可以從古羅馬廣場（Roman Forum）看出這個古代帝國當年是多麼興盛。羅馬帝國之所以能成長、擴張，除了軍事征服行動外，成功的管理方式與土木工程技術也是重要因素。

坎尼古城的空拍照。這個不起眼的村莊位於現今的義大利東南部，羅馬戰史上最慘不忍睹的挫敗就是發生在此。單是在西元前216年8月2日那天，羅馬軍就損失了6萬5千名兵力。

（Samnites）殺到幾乎全軍覆沒；西元前218年在布匿戰爭（Punic Wars，西元前264至146年）對上迦太基（Carthage）時，膽識出眾的迦太基將領漢尼拔（Hannibal）領軍從西班牙出發，途經高盧（Gaul），又越過阿爾卑斯山，最後在義大利北部稱霸了大約15年，讓羅馬軍苦吞無數敗仗，如西元前218年的特拉比亞河戰役（Battle of Trebia），以及西元前217年的特拉西美諾湖戰役（Lake Trasimene），而最慘烈的坎尼會戰（Battle of Cannae）則發生於西元前216年，造成5萬兵力折損，是羅馬戰史上最落魄的一役。

不過羅馬軍的適應力和恢復力都很強，雖然挫敗不斷，仍重新站了起來，並在新世代指揮官的帶領下從錯誤中學習，贏得越發輝煌的勝利。到了西元前2世紀時，軍隊已歷經許多重要改革，變得更加驍勇善戰，紀律也有所提升。每個強悍的軍團（legion）皆由4500到5000人組成，又分為大隊（cohort）、中隊（maniple）和百人隊（century），老兵和新兵都有，且軍階安排得當，讓聰明有經驗的老手能支援菜鳥。每個軍團都有一個結構相仿的聯盟軍團（allied legion），而兩組羅馬／聯盟軍團合起

⊙ 漢尼拔（西元前 247 至 182 年）

　　漢尼拔是迦太基偉大將領哈米爾卡‧巴卡（Hamilcar Barca）之子，在成長過程中始終以代父報仇為志，要為父親一雪在第一次布匿戰爭中慘遭羅馬痛擊之恥。在西元前218年那場著名的行動中，他率軍翻越阿爾卑斯山，進入義大利，在慘烈的交戰中喪失了數千名兵力。不過，他對多種族軍隊很有一套，能策略性地讓各族戰士充分發揮特長，此外，他也以遠近馳名的調度手腕安排步兵與騎兵攻勢，在西元前218至216年擊敗羅馬，贏得重大勝利，進而掌控義大利的多數地區，並統治了10多年。不過，漢尼拔對長時間的消耗戰較不在行，最後也被迫放棄在義大利征服的領地，並在北非之戰中敗給羅馬。他在西元前195年開始流亡，並於西元前183至181年間在比提尼亞（Bithynia）服毒自殺，寧死也不願向仍在追捕他的羅馬軍投降。

迦太基將領漢尼拔在羅馬領土帶兵作戰，為期長達15年，相當驚人。他混用傳統兵法與游擊打法，因而節節致勝。

羅馬的龜甲形連環盾（testudo），又稱龜甲陣（tortoise）。步兵會將盾牌緊密相接，在前方與頭頂構成掩護。這種手法最常用於圍攻，如此一來，士兵在往城牆推進時，就能躲掉空中射來的箭。

來就成了執政官軍隊（consular army），之所以這樣稱呼，是因為由兩名執政官（羅馬經選舉產生的最高官員）領軍，兩人每天會輪流指揮軍事行動，不過這個規則偶爾也會暫時解除。

　　羅馬共和軍有個知名戰略，是由獨立中隊以固定間隔排成棋盤般的梅花形陣列（quincunx），視部隊種類而定，每個中隊會有60或120人，都各都以小方陣的型態運作，所

以在戰術上的調適力與靈活度都很強，能視需要快速展開或封閉隊形，面對險峻的地勢時，也能善加應變。多數士兵都配有2把羅馬重標槍（pilum），用於在雙方全面衝突前先丟向敵軍陣隊，另外也會攜帶適合近身搏鬥的寬刃短劍（gladius），且因受過長期的艱苦訓練，所以劍法相當純熟。

羅馬軍隊專業化又士氣高昂，堅忍度令人敬畏，再加上物流調度順暢，且帝國政治手腕高明，所以在西元前約50年時，領土已從北海（North Sea）一路延伸至地中海東岸，當中的整個高盧地區（現代法國與比利時的大部分區域），都是由資深執政官尤利烏斯·凱撒（Julius Caesar）領軍於西元前58到50年間所征服。但在西元前1世紀，帝國發生一連串的內鬥，敵對派系爭相奪權，且軍團通常都是跟隨指揮官，而非效忠帝國本身，所以情況更加惡化，許多重要將領相繼喪命，凱撒也在西元前44年遭到暗殺，最後獲勝的則是他的侄孫屋大維（Octavian）。在西元前31年9月2日，屋大維的400艘戰艦在亞克興戰役（Battle of Actium）中，於希臘西岸徹底擊潰安東尼（Anthony）。兩人原先是盟友，但當時安東尼已與埃及女王克利奧帕特拉（Queen Cleopatra）結盟並成為夫妻。

屋大維在亞克興的勝利鞏固了他對羅馬的控制，沒有人敢再挑戰他的勢力，羅馬也從共和國變成帝國，而他更獲得「奧古斯都皇帝」（Emperor Augustus，西元前27至14年在位）的稱號，開啟了約200年的羅馬和平（pax romana）。在這段時期，羅馬的中央統治雖然穩定，但其實在奧古斯都及西元1、2世紀的皇帝當政時，和平的表面下持續有程度不一的戰爭發生，導致帝國軍得長期保護邊境，忙得不可開交。奧古斯都為了改善

古希臘三列槳座戰船（trireme）的模型。槳兵約170名，分布於三層，每人都持4公尺的長槳。眾人皆以最快節奏一起划時，戰船的速度可達10節（時速18.5公里）。

亞克興戰役（西元前31年）的陣
營及主要移動路線圖。屋大維的
羅馬艦隊將安東尼及克利奧佩特
拉的戰艦困入亞克興灣，而這場
勝利也為他的皇帝之路奠定了基
礎。

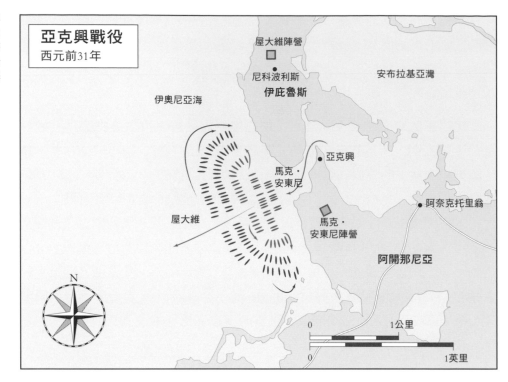

羅馬重標槍的設計
看似簡單，但實際
上是軍事工藝的傑
作，如果拋擲力道
夠強，前端的寬刃
足以刺穿厚實的木
盾。

此現象，決定召回已遣散的老兵，分散部署至邊境地帶，讓他們從事農業活動，促進
帝國經濟，同時兼任當地儲備軍，在羅馬領土受到威脅或攻擊時負責防禦。

　　在西元1到5世紀，羅馬軍團的常備人數落在30到50萬之間，要維護那麼大的領
土，這些人力顯得有點單薄，而且帝國疆域又在皇帝圖拉真（Emperor Trajan，西元
98至117年在位）的統治下擴張到最大，幾乎已涵蓋英國北部到波斯灣之間的所有土
地。羅馬之所以能勝任如此困難的維護工作，方法是將部隊派遣到邊境地區，駐守在
帶狀的長期兵營與碉堡之中（castella），同時也越來越依賴自家軍隊以外的輔助軍，
光是奧古斯都在位期間，羅馬就編列了約15萬人的輔助部隊，但隊上士兵並不忠誠，
效忠對象也經常改變，譬如在西元9世紀9月，阿米尼烏斯（Arminius）領軍的切魯西
（Cherusci）部落軍就決定背叛盟友，在德國條頓堡森林（Teutoburg Forest）屠殺了3
個羅馬軍團，可說是前述現象的例證，也為帝國敲響了一記警鐘。

　　不過，即使有這種地區性動亂，羅馬的勢力仍於西元1、2世紀達到高峰。皇帝克
勞狄烏斯（Emperor Claudius）在西元43年舉軍入侵英國，愛西尼部落（Iceni Tribe）
女王布狄卡（Queen Boudicca）雖在西元60至61年帶領當地的凱爾特人反叛，但終究
被鎮壓制伏，英國也就此納入羅馬版圖；而皇帝圖拉真在西元101至106年間出征時，
擺平了恣意妄為的達契亞人（Dacians），又在115至117年征服了長久在東邊與羅馬作

羅馬短劍不長，但品質好、平衡巧妙，所以用在近身戰時，士兵能快速出招，以戳捅、劈砍的方式攻擊敵軍。

對的帕提亞帝國（Parthian）；哈德良（Hadrian，西元117至138年在位）在圖拉真退位後繼任，對帝國的展望同樣充滿軍事色彩，著名事蹟包括在英國極北處建造城牆，以防堵北邊兇悍的凱爾特部落，進一步鞏固政權。

羅馬緩慢而長期的衰落始於西元3世紀，由於政府逐漸無法再集中管理整個帝國，導致領土在西元4世紀分裂成東西兩半，東邊以君士坦丁堡（Constantinople）／拜占庭（Byzantium）為中心，西羅馬帝國則頻繁改良軍事器械，以壓制邊境地帶的威脅勢力，尤其是住了許多戰士部族的北方。眼見羅馬勢力衰退，這些部落也越來越虎視眈眈。

西元378年8月，羅馬在現今為土耳其西部城市愛德尼（Edirne）的阿德里安堡（Adrianople）慘敗給東哥德（Ostrogoths）與西哥德人（Visigoths），此後軍隊就產生重大改變，開始以騎兵為重心，比例高達25%，顯示部隊開始著重機動性與靈活度，而不再只仰賴步兵堅定無畏的進攻。透過這些變革及類似的創新，羅馬得以維持軍力，面對大型戰爭也很有贏面，一直到帝國崩毀前都是威力懾人的西方勁旅。舉例來說，東西分裂前的最後一位皇帝狄奧多西（Emperor Theodosius，西元379至392年在位），就曾於西元394年在義大利伊松佐河（Isonzo River）的冷河戰役（Battle of the Frigidus）中殲滅阿波加斯特

古代凱爾特戰士的典型服裝、盔甲與裝備（重製品）。盾牌中央突起的弧形木塊可保護持盾的手，也能用來衝撞敵人。

中世紀早期畫作，描繪的是匈人阿提拉。與他生存年代相近的某些人說他好戰嗜血，但他在沙場上雖殘酷無情，外交手腕卻也十分純熟，並非有勇無謀。

（Arbogast）的法蘭克軍，但值得注意的是，總兵力中有2萬名是哥德同盟軍，由帝國末世記的偉大「羅馬」將軍斯提里科（Stilicho）帶領。他雖效力羅馬，但其實有一半的汪達爾（Vandal）血統；同樣地，羅馬將軍埃提烏斯（Aetius）也在西元451年，於法國東北部的沙隆（Chalons）大敗匈人阿提拉（Attlia the Hun，西元434至453年在位）率領的駭人戰隊。阿提拉於441至453年間出兵侵吞東西羅馬，但從未實際拿下羅馬城。

不過在西元455年，羅馬城終究被汪達爾軍攻陷，且在那之前，西哥德人也曾於410年在亞拉里克（Alaric）的帶領下入城劫掠，凸顯出此刻的羅馬有多脆弱。其實西羅馬帝國的首都已在286年遷至梅蒂奧拉努（Mediolanum），並於402年再度重遷到拉溫納（Ravenna），但羅馬城在西方世界仍具特殊的重要地位。後來在西元6世紀，羅馬城又兩次慘遭東哥德人洗劫，這時，西羅馬帝國基本上已名存實亡，但一如我們將於後續篇章所述的，此時東邊的拜占庭帝國才正要興起。

羅馬弩砲是現代火砲的前身，可透過扭力彈簧將石頭或弩箭發射到超過300公尺遠處，通常用於圍城、海戰或敵軍人數很多的狀況。

印度與中國的戰爭

羅馬軍無疑是戰績輝煌的古代勁旅，但擁有成熟帝國兵力的並不只有羅馬而已。在西元前2000至1000年，離它有半個地球遠的中國與印度也各自掌控大型軍隊，而且和羅馬人一樣利用兵力來支撐帝國、開拓領地，再者，外部勢力的入侵與反擊畢竟難以避免，所以養軍也能保護既有疆域。

中國最早的軍隊是以戰車機動部隊、步兵與弓箭手為核心，而史上首位一統中國的皇帝秦始皇（西元前247至221年在位）則對編制發展帶來了莫大影響。秦始皇對戰爭史學貢獻良多，原因在於他命人製作陶瓷兵馬俑來陪葬：包括8000多名步兵、130台戰車及150匹戰馬，其中許多步兵都配有先進的十字弩。這種武器力道很強，能射穿鎧甲，發明於中國的年代比在西方普及早了好幾世紀，對中國混合軍種的軍事策略而言，是不可或缺的要素。混合軍的每個軍團內約有1000人，摻雜重裝步兵、輕裝步兵（弩兵、弓箭手和矛兵）、騎兵與戰車部隊，上戰場後，所有兵種都會相互協調、支援。

中國的萬里長城是史上最雄偉的防禦要塞之一，最早建於西元前3世紀，以抵擋蠻族與鄰近民族突襲，不過現存的部分多半是在中世紀的明朝修造的。

秦始皇對弩兵似乎特別重視，並因此增添了不少兵力，使部隊擁有顯著的射擊優勢，不過他並不是將十字弩導入軍隊的第一人。在西元前341年的桂陵之戰，魏國之所以慘敗給齊國，就是因為落入陷阱，被齊軍弩兵大突襲。

兵馬俑是絕頂的歷史資源，讓我們能深入瞭解西元前3世紀的中國軍隊。每個戰士的臉孔各不相同，因此有些人認為所有雕像都是依真人製成。

中國的兵法一直到中世紀都沒什麼改變，打仗規模通常很大，顯示軍隊能大範圍部署戰略。舉例來說，我們雖無法確知秦國與趙國在長平之戰（西元前260年）中的軍隊編制，但記錄指出喪生的趙兵共有40萬人。這數字或許有些誇大，但仍顯示中國的作戰規模不輸西方。

然而，面對戰術迥異的外來勢力，中國軍隊和西方軍隊一樣陷入苦戰。秦（西元

位於印度中央邦（Madhya Pradesh）的浮雕，名為「為佛陀遺跡而戰」（War over the Buddha's Relics），描繪西元前5世紀的一場圍城之戰。值得注意的是，當時的貴族戰士常會「徵召」大象參戰，所以浮雕中有許多戰象。

前221至206年）與之後的漢（西元前206至西元220年）是中國古代最重要的兩個王朝，也都有廣闊的領土得維護，所以軍事上的經濟耗費也十分龐大。在漢代初期，蒙古的遊牧民族匈奴入侵，數度痛擊中國，以行動靈活的弓箭騎兵讓漢軍無法招架；不過最後造成漢朝傾覆的，卻是朝代末期的赤壁之戰（西元208年）。漢朝將領曹操被迫在長江迎擊南方諸侯，但軍隊不擅水戰，結果艦隊被敵方用火箭和火船燒得體無完膚，一敗塗地。

印度次大陸雖離中國不遠，史料卻相當稀少，所以要深入瞭解古代戰爭並不容易，但憑可用資源還是能拼湊出一點輪廓。梵文史詩摩訶婆羅多（Mahabharata，可能寫成於西元前4世紀）是最古老的相關記錄之一，雖然是以古梵文撰寫，並以神話為主題，但從這類文本中，我們仍可看出在西元前1000年時，印度統治者就已建立強大常備軍，以步兵為核心，主要武器是弓箭與短劍，而貴族士兵則駕駛戰車擔任輔助角色；另外，戰象提供載運功能，也可震懾敵軍並搗毀野戰堡壘，不過體積龐大，在戰場上的用途難免受限。

據信由考底利耶（Kautilya）所寫的《政事論》（Arthashastra）也是值得參考的資源。這部論典記載治國之術，寫成於西元前3世

中國古代的青銅劍，和羅馬短劍一樣，主要都用於劈砍、捅刺。劍有雙刃，呈筆直狀，至於刀則只有單刃。

紀，共分三冊，著重說明印度的軍事體系。有趣的是，《政事論》不僅探討戰場上的衝突，也涵蓋與戰爭相關的其他事項，如政治宣傳、間諜活動、放假情報、激勵士氣，以及許多會影響最終勝敗的細膩因素。

考底利耶曾在孔雀王朝（Maurya Empire）擔任官員，而那時當政的正是王朝的開國君主旃陀羅笈多・孔雀（Chandragupta Maurya，西元前321至298年在位）。旃陀羅笈多深受亞歷山大大帝影響，與繼承者聯手打造出廣闊的帝國，領土從北印度一路延伸到南亞多數地區。當時的某些戰爭格外殘忍，已有點類似後來的總體戰（total war），譬如在阿育王（Emperor Ashoka，西元前約268至32年在位）掌權期間，孔雀王朝軍於西元前262年入侵並摧毀了羯陵伽（Kalinga），眼見當地人不願臣服，還下令殘殺10萬居民來鞏固勢力。不過那驚悚的畫面也讓阿育王皈依佛教，並開始倡導和平的治國策略。最後，孔雀王朝在西元前2年傾滅。

笈多王朝（Gupta Empire）是印度古代的另一個偉大王朝，建立者是旃陀羅・笈多一世（Chandragupta I，西元319至350年在位），刻意取這個名字，是為了向開創孔

羅馬帝國領土最大時的地圖。要控管如此遼闊的疆域及各式民族，會造成經濟、軍事與行政上的沉重負擔，所以到頭來，帝國的實際規模擴增，反而使羅馬越發衰弱。

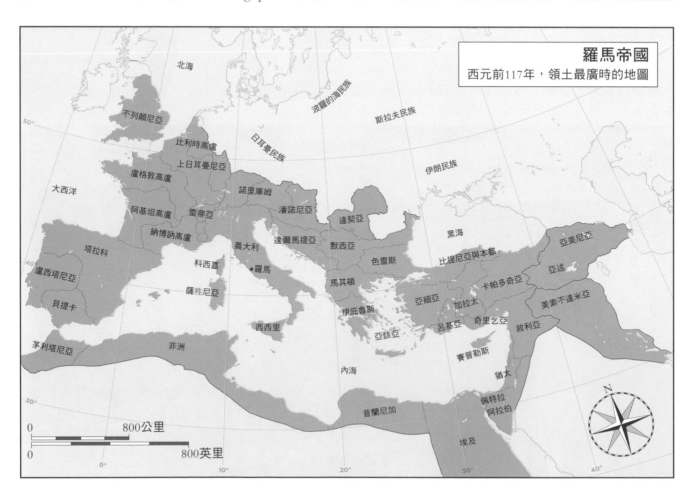

羅馬帝國
西元前117年，領土最廣時的地圖

北海

波羅的海民族

斯拉夫民族

不列顛尼亞

比利時高盧

日耳曼民族

伊朗民族

上日耳曼尼亞

盧格敦高盧

諾里庫姆

潘諾尼亞

達契亞

大西洋

阿基坦高盧

雷蒂亞

黑海

亞美尼亞

納博訥高盧

達爾馬提亞

默西亞

塔拉科

義大利

色雷斯

比提尼亞與本都

亞述

科西嘉

馬其頓

卡帕多奇亞

盧西塔尼亞

羅馬

亞細亞

加拉太

美索不達米亞

貝提卡

薩丁尼亞

伊庇魯斯

呂基亞

奇里乞亞

敘利亞

西西里

亞該亞

賽普勒斯

茅利塔尼亞

非洲

內海

猶太

佩特拉

阿拉伯

昔蘭尼加

埃及

0 ——— 800公里

0 ——— 800英里

雀王朝的旃陀羅笈多・孔雀致意。他兒子沙摩陀羅・笈多（Samudragupta）是個可畏的戰士，繼位後（西元350至375年在位）也大幅拓展領土。不過自西元1世紀起，就有許多中亞民族虎視眈眈，企圖入侵印度北部，在西元6世紀時，帝國也終究因白匈奴吳嚈噠族（White Huns）的進擊而滅亡。

　　各位讀完本節關於古代戰爭與軍隊的說明後，應該不難發現擴張、萎縮，然後崩毀的循環經常重複，由此可見，帝國與軍隊的生命週期都有限。古代軍隊只是整體社經、文化與政治生態中的一環，光會打仗並無法讓政權永遠高枕無憂，而且在古老帝國鞏固地位的同時，新勢力也會崛起。到了下一章，各位會再次瞭解到權力的消長係屬常態，並見證中世紀作戰方式的巨大轉變。

柬埔寨吳哥窟廟裡的半浮雕，描繪俱盧之戰（Kurukshetra War）中某場擁擠的混戰，當中有戰象、戰車與步兵。印度教經典史詩《摩訶婆羅多》對這場戰爭也有所描述。

第 2 章
中世紀
戰爭

在世界各地，中世紀（西元約 500 至 1500 年）都是極度混亂的年代，戰火連天、血流成河，憤恨交雜、狂亂不休，開戰原因從政治操弄到極端宗教信仰都有。不過在中世紀尾聲，戰爭已逐漸轉變為現代型態。

貝葉掛毯（Bayeux Tapestry）的一部分，描繪英國步兵於11世紀對戰諾曼（Norman）騎兵。最前方的英兵所持的戰斧相當有力，可擊倒馬匹，而掛毯的其他部分也確實描繪了頭被軍斧一砍後就墜倒在地的馬。

現今的「中世紀」（Middle Ages）一詞，指的是西元5世紀至1453年間約1000年的時期，而發生於這兩個年代的指標性事件，則分別是西羅馬帝國的崩解，以及君士坦丁堡遭鄂圖曼土耳其人（Ottoman Turks）攻陷──雖然是以西方史觀為中心，但對全球的戰爭史都造成了深遠的影響。中世紀確實是有沿用古代的某些作戰模式沒錯，但打仗方式仍歷經了本質上的重大改變，軍事行動也實實在在地改變了全世界的社會狀況與意識形態，重要事件包括法蘭克人（Franks）、維京人（Vikings）和諾曼人的征戰、伊斯蘭教風馳電掣的傳播、蒙古帝國的擴張、武士的崛起、拜占庭帝國的興衰，以及讓西歐筋疲力竭的無盡宗教戰爭。當時世界局勢尚在成形，人民也因而一直活在動盪不安的氛圍之中。

中世紀的作戰方式

一開始，我們不妨先探討一下這段時期的幾個重要軍事概念。中世紀的戰爭和古代有許多共通點，譬如作戰陣容仍是步兵與騎兵混軍，不過關鍵性的改變在於騎兵幾乎成了所有軍隊的核心，是戰士中的菁英，且在制定戰略及實際執行時都擔任決策要角，戰術內容更著重於騎兵該如何騎馬打仗（不過他們也常下馬殺敵就是了）。社會氛圍更進一步強化了這樣的改變，且在西方尤其如此，畢竟那裡的騎兵經常是貴族出身，中世紀又十分著迷於騎士風範，所以身穿閃亮盔甲、在馬背上以劍與長槍作戰的騎兵地位自然扶搖直上。綜觀全世界的軍隊，騎兵的差異性相當大：中東與中亞的戰士配備弓箭，裝備輕、速度也快；西方士兵的盔甲則偏厚重，且常與敵方近身交戰、短兵相接，不過這只是大致狀況，實際戰場上當然會有許多例外。

另一方面，步兵雖然經常顯得混亂又平凡，但仍是戰爭中不可或缺的角色，對圍城而言尤其如此。中世紀流行造堡壘，數量多且位置分散，防禦功能也比以往都來得強，這是因為在眾家爭奪的土地與威脅四伏的邊境，國王、貴族與領主都希望能奪下控制權或鞏固勢力。要想圍攻這些堡壘不僅得耐力過人，還必須展現成熟的工程技術，使用先進的攻城武器如配重式投石機，以及14世紀後出現的火藥大砲。

樣式極為繁複的中世紀十字弩，弩臂前端裝有腳鐙，可踩在地上固定位置，讓士兵能用雙手和身體的力量拉弓。

Im Rennen, vnd Geſtech
Conradt von helmſtatt, vnd Wolff von Barſberg, haben e[...]
gutt Rennen gethon, vnd ſeind baide gefallen
Es iſt auch zu diſem Turnier ein geritten, ein Edler, Hans von helm[...]
zu Grünbach, 1481

典型的中世紀騎士：全身穿戴板甲、臂下架有騎槍、並以兇悍戰馬為坐騎。這些配備加起來所費不貲，所以騎士基本上都出身社會菁英或貴族階級。

　　而在開闊的戰場上，步兵也逐漸適應以騎兵為主的戰鬥型態，即使敵方是最菁英
的騎兵部隊，他們仍有辦法利用各式各樣的十字弩與弓箭，打出僵持不下的消耗戰；
此外，訓練有素的步兵同樣能純熟使用長柄槍、斧槍及其他長柄武器，因此抵擋騎兵
時幾乎是滴水不漏。在中世紀的最後100年間，手持槍械及移動式野戰砲在歷史舞台
上殘酷登場。當時的貴族或許不覺得這會帶來多劇烈的影響，但這些火藥型武器終究
成了決定戰場勝敗的關鍵。

　　在海上戰場，戰爭方式也有所改變。雖然主宰中世紀海戰的，主要仍是槳式單
層甲板帆船，但帆船也逐漸流行。起初，船帆通常用於單槳戰艦，為船槳提供輔助力

量，但從14、15世紀起，也開始應用在三或四桅的克拉克大帆船（Carrack）。這種船艦的甲板上設有大砲，首尾船樓也相當高，可作為弓箭手及海上步兵的作戰平台，從此以後，全球海上戰場的煙硝味便越來越濃。

簡言之，中世紀的兵法歷經了穩定改變，不過許多變化都是到後期才發生，換句話說，有很長的一段時間，中世紀軍隊主要仍是訴諸蠻橫硬幹、了無新意的殘酷暴行，偶爾才會以紀律、戰略，甚至精彩的妙招取勝。

以騎兵為核心的戰鬥在藝術作品中看起來雖充滿俠義精神與貴族風範，實際上卻相當殘暴。騎士下馬與步兵對戰時，經常會被對方以匕首或戰錘攻擊致死。

中世紀早期的西歐

　　歷史學家口中的「中世紀早期」（西元5到10世紀）常被貼上「黑暗時代」（Dark Ages）的標籤，雖然現代學者多半認為此說法謬誤甚大，但這個詞仍多少能讓我們感受到西羅馬帝國崩毀後，歐洲戰場是多麼地激烈和和混亂。君主、貴族、領主、移民與蠻族都競相爭奪權力與土地，導致區域性與各地間的戰爭不斷，不過概略而言，西元600年前後的西歐可大致分為：盎格魯-撒克遜（Anglo-Saxon）王國及凱爾特人在英國的領土、國土與現代法國大致重疊的法蘭克王國、由西哥德人掌控的伊比利半島（Iberian Peninsula）、萊茵河（Rhine）東側的日耳曼（Germanic）與斯拉夫（Slavic）諸族、中歐及東歐的潘諾尼亞阿爾瓦人（Pannonian Avars）、幾乎由倫巴底人（Lombards）全權控制的義大利，以及統管巴爾幹半島、安納托力亞、巴勒斯坦及地中海沿岸幾乎所有土地的拜占庭帝國（東羅馬帝國）。這些勢力的狀態並不固定，有時會主動出兵以擴張版圖，有時也得防堵蠻族或入侵者未曾停止的略劫行動。

畫家查理・德・施托伊本（Charles de Steuben）於19世紀畫出這幅澎湃的作品，呈現普瓦捷戰役（又稱圖爾戰役，Battle of Tours，發生於西元732年）的戰況。馬特高舉戰斧，敵軍指揮官拉赫曼則揮舞曲劍。

　　到了西元8世紀，法蘭克人已擊敗撒克遜人、丹人（Danes）、西哥德人、阿瓦爾人、倫巴底人等民族，拓展了在高盧的帝國，無疑是西歐霸主，勢力如日中天時，現今法國、德國、義大利、伊比利半島，以及巴爾幹半島的多數地區都在其疆域之中；此外，查理・馬特（Charles Martel，意思是「鐵錘查理」）也領軍擊敗西班牙的伊斯蘭統治者阿卜杜勒・拉赫曼（Abd al-Rahman），讓法蘭克人在732年於普瓦捷戰役（Battle of Poitiers）贏得關鍵性的勝利。

　　法蘭克王國的勢力之所以大幅躍升，得歸功於精良的軍隊與優秀的指揮官，其中在歷史上最受推崇的將領，莫過於在768至814年擔任法蘭克國王的查理曼了；西元800年時，教宗聖良三世（Pope Leo III）更封他為「羅馬人皇帝」（Emperor of the Romans）。從戰士晉升君主的查理曼面對倫巴底人、撒克遜人、阿爾瓦人與斯拉夫人時，展現出穩定可靠的軍事技能，在他退位之際，法蘭克部隊的核心已變成騎兵，以騎槍、長矛與劍來作戰，且身穿鎖甲（byrnie）做為防護；至於步兵隊則是徵召兼職的平民組成，但要想加入還有個前提，那就是得有錢購置基本的盔甲與武器才行。法蘭克步兵最大的優點在於陣式整齊，在普瓦捷戰役中，他們就是靠著嚴密的方陣，成功防堵並擊退了靈活的穆斯林騎兵。

⊙ 馬鞍與馬鐙

　　騎兵戰的發展史上有兩項極為重要的技術發明：馬鞍與馬鐙。馬鞍最早出現於西元前700年的亞述，不過結構較堅固的版本要到200年後才問世，至於鞍架則發明於西元前約200年，是木製支架，可降低馬背承受的衝擊與壓力，同時讓人坐得比較舒適。到了中世紀，由於重裝士兵需要更強的支撐，所以馬鞍在設計上又再度改良，鞍頭與鞍尾凸起，能防止騎兵作戰時摔落，在他們持騎槍出手或遭敵方以此攻擊時尤其有效。

　　隨著馬鞍發展，馬鐙也有所演進。馬鐙最早出現於西元前2世紀的印度，傳到中國與中亞後，於西元9世紀時引進歐洲，不僅能讓士兵在拿騎槍作戰時踩穩雙腳，也有助維持平衡，讓他們能在馬背上靈活施展劍與長矛。

這張中世紀手稿插圖對騎兵戰的描繪非常寫實，駭人的畫面顯示重型騎兵劍能將頭顱與身體劈成兩半。

與法蘭克軍相比，維京人的軍隊則有天壤之別。這個充滿神祕氣息的中世紀海上民族來自斯堪地那維亞半島，探勘與商業經驗豐富（但這兩項特長經常遭到忽略），航海足跡遠至北美與印度，軍事上則走突襲路線，多半以沿岸地區為目標，但也會視航道狀況深入內陸。維京長船（longship）是他們與外界互動時的主要交通工具，外型簡潔流暢，動力源自船槳與單帆，速度快又堅固，能行駛於遠洋大海，但吃水線淺，所以有利士兵在水陸兩棲戰中登陸，且能橫渡淺河；船隻採雙頭設計，所以靠岸後不必轉向，就能輕鬆迅速地再從登陸的地點入海；此外，長船非常地輕，如果需要，部隊甚至能扛在肩上走一小段路。

　　至於維京戰士本身則以兇狠著稱，在戰場上總是堅決而殘酷地以雙刃劍、長矛、戰斧與弓箭殺敵，須以雙手揮砍的長柄斧甚至能將人劈成兩半；在必要時也能展現紀律，如果敵方組織化程度高，便會排起盾牆，祭出陣列來應對，讓陣中的弓箭手、輕裝散兵和重裝步兵各司其職。維京人最令歐洲恐懼的時期是西元8、

維京長船的外表樸實，其實設計精密成熟，在維京人征服歐洲的行動中，是戰略的重要環節。由於船身吃水線淺，所以船能流暢地從大洋駛入內陸河流。

fiut geta. hunc uetel olun gentiles. p dco uchabat.
fuuuf sedulf poeca eximi in paschali carmine me

ÆLFRED·REX·

E pumuf i anglia regnani solus

f monarcha

alfred pmuf a?ondrcha angt — dq incipit Genealogia orbuulard.

描繪阿佛烈大帝
（Alfred the Great）
的中世紀作品。阿
佛烈是威塞克斯國
王，最著名的事蹟
是在西元9世紀禦敵
成功，沒讓維京人
全面攻陷英國。

9世紀，一開始，他們多半是為了掠劫而發動突襲，英國東北沿岸的林迪斯法恩修道院（Lindisfarne monastery）於西元793年遭襲，就是特別著名的事件之一。在那之後，維京人便毫不留情地一再出兵征討盎格魯-撒克遜人，而且隨著野心高漲，目標越來越大，也開始把觸角延伸到其他許多區域的聚落，在西元9世紀時，便以烏特列支（Utrecht）、安特衛普（Antwerp）、巴黎和君士坦丁堡為標靶，打了多場襲擊與圍城戰；在英國地區，丹麥維京人於865至890年間入侵並占領諾森布里亞王國（Kingdom of Northumbria）、麥西亞王國（Kingdom of Mercia）及東盎格利亞王國（Kingdom of East Anglia）。西元878年，丹麥國王古特雷姆（Guthrum）企圖進一步併吞威塞克斯（Wessex），但因敵方國王阿佛列（King Alfred）於當年5月領軍拿下愛丁頓戰役（Battle of Edington）而遭驅逐，英國領土就此分裂，由盎格魯-撒克遜人和丹麥維京人各據一方。

兩名參加者在歷史重現活動中展演維京人的戰鬥技巧。維京人除了擅用刀與戰斧外，也很會以長弓射箭，開戰時通常會從遠處發射來作為首波攻勢。

在西元9、10世紀，維京人對英國的控制時強時弱，但他們也逐步在別處建構勢力，其中最重要的事件發生於西元911年，當時西法蘭克國王查理三世（Charles III，西元893至929年在位）將法國北部的領土割讓給維京統治者羅洛（Rollo），以求對方保證不再侵擾法國。羅洛率領的維京開拓者成了後來的諾曼人，也就是中世紀軍事成就最亮眼的戰鬥民族。他們最輝煌的一場勝利是由別稱征服者威廉（William the Conqueror）的諾曼第國王威廉（William of Normandy）領軍，在1066年10月14日於英國南部的黑斯廷斯之戰（Battle of Hastings）擊敗哈羅德‧戈德溫森國王（King Harold Godwinson，西元1066年在位）的部隊。打贏此役讓諾曼人得以將英國納入版圖，後來威廉以高壓手段有效統治，舉凡當地的反叛與抵抗行動，一律殘酷鎮壓。

拜占庭帝國

西羅馬帝國早在西元5世紀便淪陷，但東羅馬帝國（現今多稱「拜占庭帝國」）並未殞落，雖然紛擾不斷，仍存活了千年之久，首都君士坦丁堡（也稱拜占庭）更是照亮東歐地區的文化燈塔。不過，帝國領地橫跨信奉伊斯蘭教與基督教的東西兩方，坐落在最容易產生地理、政治與宗教衝突的危險邊界上，所以最終的結局或許早已注定。

西元13世紀的作品，描繪拜占庭與阿拉伯穆斯林騎兵在拉拉卡恩戰役（Battle of Lalakaon，西元863年9月3日）中的激烈衝突。此役發生於現今的土耳其北部，由拜占庭獲勝。

伊朗沙阿（Shah，波斯君主的頭銜）霍斯勞二世（Khosrow II，西元590至628年在位）的浮雕。這幅作品從側面呈現出鐵甲重裝騎兵的典型樣貌。

拜占庭軍集羅馬兵法之大成，並與時俱進地調整、創新，所以帝國能如此長壽，軍隊的貢獻很大。在皇帝查士丁尼一世（Emperor Justinian I，西元527至565年在位）統治期間，共有30至35萬名兵力，但在其他時期，常備軍數量則多半只有12至15萬，和羅馬一樣，幅員遼闊卻沒有足夠的兵力管理。不過，軍隊專業化與組織化彌補了這個弱點：所有兵力都是透過統一程序徵召而來，分成小隊後派駐至四散帝國各處的「軍區」（theme，西元10世紀時約有30個）。拜占庭步兵分輕裝與重裝兩種，輕裝穿戴有內襯的皮外套和鋼盔，並配標槍或弓箭以及短劍，重裝（稱為scutari）則有覆蓋範圍較大的盔甲保護，包括鎖甲、臂甲與脛甲。重裝鐵甲兵（cataphract）是形象最經典的拜占庭騎兵，他們騎馬打仗，以弓箭、闊劍、長騎槍、斧頭與匕首作戰；另一方面，輕裝騎兵則負責打小規模前哨戰，以及偵查、探勘與掩護等工作。

皇帝查世丁尼一世（站在中央者）。他左側的將軍貝利撒留不僅擅長傳統戰略，也經常利用情報與騙術作戰。

56

⊙ 希臘火

　　希臘火（Greek Fire）為拜占庭獨有，是中古世界的一種神祕燃燒劑，若比喻成現代工具，基本上就像火焰噴射器。這種可燃化合物的詳細成分已不可考，但可能含有石腦油和生石灰，並添加了松脂、硫磺和磷化鈣。可以確定的是，希臘火燒起來十分猛烈，即使碰到水也不例外，用於海戰時，可透過虹吸管裝置，從利用大型波紋管加壓的金屬噴嘴射出，射程最遠可達約15公尺；另外也有手持版本，可置入陶瓷手榴彈使用。

希臘火即使觸水也不會熄滅，在海戰中極具殺傷力。一直到11世紀前，拜占庭軍對付各路入侵者與敵人時，都會使用這種武器。

　　拜占庭軍在戰場上排出陣隊時，通常會把重裝步兵包圍在中心深處，兩側或前方則安排輕裝步兵，鐵甲騎兵則據守外層的左右兩翼，並配置一些在後方擔任機動後備。輕裝步兵會分散至各處提供掩護，實際作戰時，如果指揮官下令，也能以適度彈性因應敵軍的攻擊與地形的挑戰。拜占庭的軍需供應鏈極具效率，所以能執行遠距軍事行動，且傳令與指揮系統同樣十分出色。除了陸軍之外，海軍也不遑多讓，每艘輕型槳帆船都編制划槳手及海軍共200至300人，而重型戰艦的甲板上不僅有希臘火發射器，也設置利於攻擊沿岸堡壘的攻城武器。

　　在西元6、7世紀時，拜占庭的幾位皇帝都大膽討伐東西兩方的勢力，如查士丁尼一世（Justinian I）就仰賴才智過人的將軍貝利撒留（Belisarius），收復了地中海周圍的領土，並從哥德人手中奪得義大利的統治權。此外，貝利撒留也在西元530年的達

拉戰役（Battle of Dara）中重挫長年與拜占庭為敵的波斯，藉著妥善部署匈人同盟軍中的弓箭手，讓敵方的重裝騎兵每次推進時都死傷慘重。西元6、7世紀之際，波斯的勢力扶搖直上，但在11小時的尼尼微之戰（Battle of Nineveh，西元627年12月12日）中，拜占庭皇帝希拉克略（Emperor Heraclius，西元610至641年在位）精彩取勝，單單一場戰鬥就親自殺了3名波斯將領，顯示這個時期的君主確實會披掛上陣、領軍作戰。

尼尼微一戰雖贏得漂亮，卻沒能確保拜占庭帝國往後一帆風順、毫無紛擾，這是因為更南處已有新的敵人在崛起，而且這股勢力對全球宗教與文化版圖的影響，也絕不亞於基督教。

伊斯蘭教與十字軍東征

據說在西元610年，先知穆罕默德於阿拉伯半島南部的一個遙遠洞穴中接獲神諭，並據此發展成伊斯蘭教，引來許多人皈依追隨，到了622年時，史上第一個穆斯林政權已然成形，方成立的軍隊也士氣高昂，並在下一世紀贏得了輝煌戰果，更持續吸引新信徒爭相入伍，勾勒出了伊斯蘭帝國的輪廓，領土涵蓋阿拉伯半島、敘利亞、巴勒斯坦、波斯帝國的疆域、阿富汗、埃及，以及北非大部分地區，甚至抵達伊比利半島，深入現今的法國中部。面對拜占庭帝國，也就是擴張行動中的最大障礙，伊斯蘭軍同樣發出戰帖，在西元717至718年圍攻君士坦丁堡，不過堅固的城牆、皇帝利奧三世（Emperor Leo III）的防禦本領、精良的拜占庭海軍，再加上疾病與暴風的摧殘，終究擋下了穆斯林士兵，讓他們敗陣而歸。

中世紀藝術作品，描繪穆斯林軍於西元717至718年對拜占庭進行的攻城戰。阿拉伯穆斯林軍以機動性、不顧一切的勇氣與毫不留情的擴張行動，震驚了西方世界。

伊斯蘭帝國開疆拓土的過程相當複雜，本書無法詳述，不過仍可列舉其中的數項要點。首先，伊斯蘭軍的戰法、信心與規模確實是日益漸長沒錯，但敵軍的衰竭也間接幫了他們一把，尤其是纏鬥了百年之久的拜占庭和波斯帝國；其次，隨著時代變遷，穆斯林軍在軍事與政治上都歷經了深遠的改變：由於信眾認為「哈里發」（caliph）的位置應由穆罕默德的合法繼承人來擔任，所以史上第一個哈里發國（caliphate，

政教合一的穆斯林政權）於632年成立，開啟了「正統哈里發時期」（Rashidun Caliphate，西元632至661年）；接續在後的則是倭瑪亞王朝（Umayyad Caliphate，西元661至750年），以及阿拔斯王朝（Abbasid Caliphate，西元750至1258年）。然而，正統性問題也造成了教義闡釋上的分歧，導致伊斯蘭教分裂成遜尼（Sunni）與什葉（Shia）教派，兩派各自扶植對立的哈里發，使得教內紛爭不斷，讓帝國難以繼續擴張，雙方的對峙更持續至今。

　　話雖如此，早期的伊斯蘭部隊確實展現出高強的軍事技巧，才有辦法攻下如此遼闊的領土，其中又以輕裝騎兵特別強勢，能以迅雷不及掩耳的速度，靈活地從兩側或四周包圍敵軍，並以刀劍、騎槍與弓箭出擊；步兵則會反覆進攻、撤退，消耗敵軍兵力，最後再集體衝鋒陷陣。這樣的策略在極端宗教狂熱的加持下，往往會讓習慣傳統戰術的敵人不知所措，成為穆斯林軍的手下敗將。

　　隨著時代演進，伊斯蘭軍的組成也大幅改變。在穆斯林統治者各自建立政權的情況下，許多士兵其實都是信仰伊斯蘭教的土耳其奴隸，多半從中亞徵召而來，戰力堅

源於12世紀的藝術作品，描繪作戰中的穆斯林士兵。伊斯蘭勢力最終之所以沒能繼續擴張，關鍵因素在於教內分裂與派系間的互鬥越來越嚴重。

強，善於騎馬射箭，打近身戰也勇猛過人。到了西元10、11世紀，土耳其人已獨立發展出強大的帝國勢力，先是開創加茲尼王朝（Ghaznavid Dynasty），後來又建立塞爾柱帝國（Seljuk Empire），且塞爾柱土耳其人11至14世紀擴張有成，在中亞與中東控制了大量領土。所以，有個重要概念我們必須澄清：「伊斯蘭帝國」一詞指的並不是單一政權，因為穆斯林宗派和基督教世界一樣多元，而且也難逃內鬨分裂。

有鑑亞美尼亞及安那托利亞的領土不斷被塞爾柱土耳其人侵擾，拜占庭皇帝羅努斯四世‧狄奧吉尼斯（Romanus IV Diogenes，西元1068至1071年在位）於1071年出兵回擊，但土軍有最高統帥阿爾普‧阿爾斯蘭（Alp Arslan）帶領，並於曼齊刻爾特戰役（Battle of Manzikert）中，在現今的亞美尼亞城市馬拉茲吉爾特（Malazgirt）徹底擊潰了拜占庭。這場戰役是十字軍誕生的原因之一，後來，西方基督教大軍對伊斯蘭帝國發動了長達兩世紀的征戰。

十字軍東征於1095年正式展開，當時教宗烏爾巴諾二世（Pope Urban II）接獲拜占庭皇帝阿歷克塞一世（Alexios I Komnenos，西元1081至1118年在位）求救，因而號召基督教騎士投身聖戰，並以收復聖地（Holy Land）與耶路撒冷為終極目標，希望

烏爾巴諾二世於1094年在皮亞琴察（Piacenza）鄉間呼籲教徒投身十字軍東征。一開始，許多信眾狂熱地想為宗教而戰，其中，貴族把東征行動視為有利可圖的探險，因此又特別積極。

能結束穆斯林對這些地區約400年的統治。歐洲貴族與數千位平民戰士都挺身響應，誘因有二：其一是戰勝後有機會獲得物質利益，其二則是教會發下豪語，保證只要參與東征，就能獲得赦免。

對於東征的實際次數與時長，歷史學家多有爭辯。以傳統看法而言，十字軍東征共有9次，發生於1095至1291年間，但如果從廣義角度來看，其實捍衛基督教的行動一直延續到16世紀才結束，具體而言，到歐洲極北地區征討異教徒，以及出兵鄂圖曼人（Ottomans）的行動也包含在內。若以捍衛宗教及收復領土這兩項動機為前提，1095至1099年的首波東征可說是最符合十字軍總體目標的一次。歐洲人艱苦克難地跋涉4000公里，經由陸路從歐洲走到中東，途中在安那托利亞遭遇塞爾柱土耳其人的攻擊，差點以悲劇收場，所幸仍逃過一劫，最後疲憊不堪地收復了安條克（Antioch）和耶路撒冷，不過對後來的十字軍而言，安那托利亞始終都是危機四伏的驚險路段。

伊斯蘭勢力僅發展百餘年，但擴張範圍相當驚人，還直接威脅，甚至包夾了歐洲、巴爾幹半島與中亞的帝國，對全球政治的影響沿續至今。

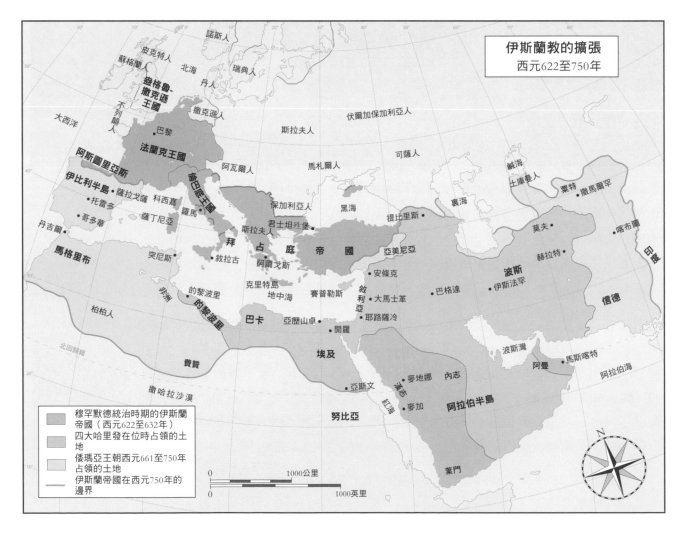

伊斯蘭教的擴張
西元622至750年

穆罕默德統治時期的伊斯蘭帝國（西元622至632年）

四大哈里發在位時占領的土地

倭瑪亞王朝西元661至750年占領的土地

伊斯蘭帝國在西元750年的邊界

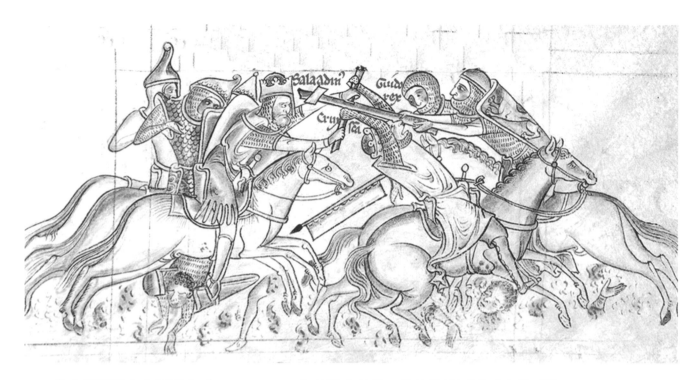

此次勝利是十字軍國家（Crusader State）的建立基礎，黎凡特地區因而出現了耶路撒冷王國（Kingdom of Jerusalem）、安條克公國（Principality of Antioch）、的黎波里國（County of Tripoli）及埃德薩伯國（County of Edessa）。但在接下來的8次出征當中，十字軍雖想進一步侵占穆斯林領土，並收復伊斯蘭勢力反擊後奪回的土地，士氣卻越來越弱，政治立場也不再如先前堅定，譬如第四次東征（西元1202至1204年）就打得很不光彩，軍隊不僅在1202年占領並掠劫匈牙利的基督教城市札拉（Zara），藉此支付入侵威尼斯所需的船運費用，甚至還圍攻君士坦丁堡，將城內洗劫一空，最後更展開一場駭人的大屠殺。

至於在歐洲戰場，許多十字軍則轉而殘殺本地猶太人，猶如變態荒誕的殺人練習。由於政治操弄所致，十字軍國家紛紛開始互鬥。在眾穆斯林政權也自相殘殺的情況下，某些伊斯蘭派系便與基督教勢力投機結盟，以對抗共同的敵人。漸漸地，十字軍喪失了中東的領地，在土耳其馬木路克兵（Mamluks）於1291年摧毀阿卡（Acre）後，也失去了在聖地的最後據點。東征雖然失敗，但基督教大軍仍在11至15世紀的收復失地運動（Reconquista）中，逐步將穆斯林統治者逼出伊比利半島，並在8個月的圍城行動後，於1492年元旦攻陷了格拉納達（Granada）。

蒙古帝國

要想瞭解蒙古帝國的影響有多深遠，光看這支民族的發源地（也就是現今的蒙

穆斯林戰士薩拉丁（Saladin）在哈丁戰役（Battle of Hattin）中把參加十字軍東征的國王呂西尼昂的居伊（Guy de Lusignan，圖中標示為「Guido Rex」）從馬背拽下，居伊則死命地想抓住基督教十字架。

古東部及滿州）遠遠不夠，畢竟在13世紀時，他們的統治範圍可是幅員遼闊，簡單來說，蒙古軍隊透過征服行動，建造出人類史上毗連領土最大的陸路王國，東抵韓國，西及東歐，甚至深入奧地利境內。

蒙古軍的人數並不特別多，西元13世紀初時約莫是10萬5000人，並邏輯性地分成10人小隊（arvan），100人的連（zuun）、1000人的營（mingghan）和1萬人的師（tumen），另外還有負責保護「汗」（蒙古統治者）及資深將領的大規模帝國護衛軍。不過，因為結盟的緣故，蒙古得以不斷擴增兵力，在盟軍之中，又以土耳其、阿拉伯與中國戰士居多。

蒙古統治者進行占領行動時，行事風格簡單明瞭，基本上只給兩種選擇：乖乖聽話就不會有事，但要是膽敢抗拒，那就等著軍隊以嚴酷手段鎮壓。蒙古軍幾乎全是騎兵，會駕馬以複合弓、手斧、騎槍與曲劍作戰，不僅策略高妙，也懂得打心理戰，最著名的手段是假裝撤退，藉以攻破敵方軍陣。這種做法曾出現在列格尼茲（Liegnitz，位於現今的波蘭西南部）一役，在1241年4月9日，蒙古部隊在德國、波蘭及條頓（Teuton）騎兵進攻前作勢撤離，結果卻又回頭包圍並殲滅敵軍。以出征能力而言，蒙古軍以騎兵為主力，所以能將戰線拉得極遠，而且他們平時就習慣陸地環境，常往返於各地行搶、掠劫，平日幾乎完全賴此維生，所以這方面的優勢自然不在話下。

風格特殊的成吉思汗肖像。他掌握大權的姿態雖然強硬，但麾下若有本領高又忠心的將軍，也會不吝授予他們在戰場上的決策權。

由旭烈兀領軍於1258年對巴格達發動圍城戰的蒙古圍攻部隊。圖片中心偏右處有一台形似拋石機的攻城武器；此外，他們也會使用攻城塔。巴格達遭圍1個月後宣布投降，城內居民也慘遭屠殺。

帖木兒的軍事手段
蠻橫無情,即使是
在野蠻的中世紀,
都顯得十分殘暴。
不過他帶領軍隊的
手腕高明,常以突
襲行動或出人意料
的策略扳倒敵軍。

在征服行動之初,蒙古人並不太擅長圍城,但他們發現這方面的欠缺後,很快就向中國人習得相關策略與技術,還請專精於此的中國工程技師陪同出征,所以即使面對最堅固的堡壘,都能成功拿下。舉例來說,在波斯地區管理汗國(蒙古帝國之下細分的統治單位)的旭烈兀,就在1258年1至2月於巴格達城外橫掃阿拔斯軍隊,並透過圍攻行動,利用大型投石機狠狠擊穿城牆,然後成功占領。巴格達於2月10日投降後,蒙古軍一如往常地以殘酷手段折磨、屠殺軍民,據說旭烈兀後來之所以棄城,就是因為無法再忍受屍體的惡臭。

蒙古軍之所以能所向披靡,才幹過人的無情將領是重要優勢之一,其中最惡名昭彰的非成吉思汗(西元1206至1227年在位)莫屬。這位統治者以征服行動聞名,嗜血風格也廣為人知,在拿下亞洲及中國北部的大片領土後,交棒給兒子窩闊台(西元1229至1241年在位);繼位的他也乘勝追擊,把疆域拓展到東歐與地中海;後來,

成吉思汗之孫忽必烈（西元1260至1294年在位）更將勢力延伸到中國境內。蒙古名人堂中，還有一位偉大將領叫帖木兒（西元1370至1405年在位）。帖木兒其實是土耳其烏茲別克族（Turkic Uzbek），但自稱成吉思汗後代，征討範圍廣及波斯、印度、敘利亞及安那托利亞，且作風和他口中的遙遠先祖一樣殘酷駭人。西元1387年，城市伊斯法罕（Isfahan）起義反叛，他派出7萬人的部隊，取回城內每一個人的頭顱，堆成一整座金字塔。另一方面，帖木兒也是個相當勤奮認真的指揮官，總是親上前線帶軍殺敵，而且和所有明智將領一樣，對軍需供應也很有一套。

最後，蒙古帝國終究不敵時間的侵蝕，分裂成各自獨立的汗國，權力與凝聚力也因而稀釋。不過，最後一個汗國倒是一路撐到17世紀才崩盤就是了。

早期的中國軍用火箭，基本上就只是將大體積的火器裝在標槍上，非常不精準，整體而言，威嚇作用大於實際效果。

成吉思汗之孫忽必烈繼承汗位後，創建了大元王朝。圖為他於13世紀領兵出軍中國，左上角士兵使用的是短但有力的複合弓。

中國

從蒙古的記錄研判，中國的中世紀戰史與鄰近的好鬥民族密不可分，不過當時，中國的文明發展高度在全世界數一數二，所以在軍事上也自有征討目標。西元7世紀時，唐朝軍隊長年在遙遠的西藏與中亞作戰，這是因為唐玄宗（西元712至756年在位）實施了長期兵役制度，所以不必再像從前那樣每3年就重新徵兵。

到了西元742年，中國陸軍約有50萬人，唐朝也投入重本發展海軍，建造出可以駛入大洋、也能應付沿岸交戰的各式軍艦。

唐朝在西元9、10世紀逐漸衰弱，並於960年由宋朝取代。在巔峰時期，宋軍的人數多達百萬，雖然皇帝對將領疑心重重，嚴重減損了軍隊指揮效率，但大致而言，軍事科技的發展在宋朝於1279年滅亡前都很受重視：十字弩的設計改良後，提升了射程與穿刺力；中國發明的火藥也開始用於武器，如火箭、手榴彈和火騎槍（手持武器的一種，類似火焰噴射器和獵槍的綜合體）；抵禦騎兵的戰略強化，可運輸大型部隊的戰艦也於此時誕生。不過，宋朝雖擁有大量兵力及各式武器，但終究仍因帝國內部爭權者的擴張，以及蒙古騎兵雷霆萬鈞的攻勢，在內憂外患之下滅亡。

日本

鏡頭轉到日本，中世紀正是武士登上歷史舞台的時刻。「侍」這個詞在日文中為

作戰中的武士。值得注意的是，和弓的使用相當普遍。一般而言，這種大弓比人還高，和刀劍一樣，是武士身分的象徵。

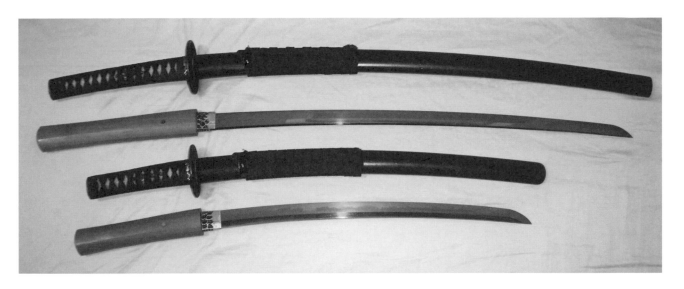

武士之意，源於西元10世紀，一開始指的是負責護衛京都（當時的都城）的士兵，不過隨著時代變遷，指涉對象則變成了日本軍事社會的高階級菁英戰士。武士效命勢力強大的貴族，不僅作戰技巧得出色，出身上流終究也納入了必要條件，使「武士」轉變為一種世襲身分。

中世紀的武士刀（圖中較長者）及脇差劍。武士通常會配帶一對兩種，合稱為「大小」。

　　武士開始為人所知的年代，正值日本政治與社會局勢飄搖的動盪時期。雖然在西元7世紀時，大和王朝的統治者就已鞏固日本國境，但國內仍存在許多敵對氏族與政治操弄，其中平氏和源氏就於12世紀正面開戰，希望能贏得王朝繼承權並掌控皇室。

平氏在1159至1160年的平治之亂中勝出，但後來的源平和戰（西元1180至1185年）則由源氏拿下，領軍奪勝的源賴朝更於1192年當上首任幕府將軍。這個世襲制的職位基本上讓他掌握了軍事獨裁大權，導致天皇的實權遭到稀釋。幕府將軍制一直實行到19世紀才廢除，在那之前，日本武士史中的諸多爭鬥，都是因為眾家試圖推翻幕府或奪取將軍一職而起，除此之外，不同派系間常年存在緊張關係，也造成不少廝殺。

不過在13世紀，日本最迫切的威脅不是內憂，而是蒙古人四處掠劫帶來的外患。忽必烈在1274及1281年二度出軍日本本島，第一次並不是以侵占為目的，反而比較像是武力偵查，雙方也見識到彼此截然不同的作戰風格。武士的戰法受到「弓馬之道」約束，這套全面性的道德與美學規範在19世紀以後普遍稱為「武士道」。他們必須一輩子自制克己，採行簡樸的生活方式；在戰場上展現高超軍事技能的同時，也得懂得克制，不能過度兇殘，以避免失衡。

武士作戰時很帶儀式色彩。中世紀的武士多半是弓箭騎兵，會穿「大鎧」這種做工細緻但形狀如箱子般的盔甲，以木頭和竹子製成的弓、長矛及長刃薙刀作戰，另外也以愛用精緻刀劍聞名。他們所使用的「大小」是人類史上最精美的劍器之一，內含成對的標準長武士刀及較短的備用脇差劍，兩種武器的刃部都很長且相當鋒利。脇差劍是日本短刀的一種，也會用於切腹。這種儀式性自殺是最能象徵武士精神的表現，做法通常是將刀刃刺入自己的腹部，然後用力往側邊劃出極寬的深傷。

日本軍隊在戰場上碰頭時，領軍的武士通常會先下馬射箭，一番激烈交戰後再往敵軍逼近，開始打近身戰，展現刀劍、長矛及其他長柄武器的使用技巧；此外，武士可能也會儀式性地發出戰帖，尋求合適的對手一決高下。

武士的大鎧是史上最精緻的盔甲之一，大致上是採札甲的製作方式，以皮革、鹿皮或彩綢把甲片編在一起。

　　武士部隊雖不是完全禁止詐欺、誤導、突襲和操弄這類手段，但主要仍採行傳統戰術和約定成俗的做法，因此在博多灣迎擊入侵的蒙古軍時，被敵方弓箭手與騎兵以激烈、狂亂的戰法，以及早期火藥製成的炸彈打得陣腳大亂，被迫撤退，而後蒙古也才撤軍。正因如此，西元1281年時，日本已經很明智地在博多灣構築防禦工事，而蒙古軍也於同年再度揮師，這回派了兩大艦隊共約15萬名士兵入侵。武士堅決死守，成功拖慢了第一支艦隊的速度後，天氣選擇助日本一臂之力：颱風發威，雷聲隆隆，蒙古軍艦大受摧殘，存活的士兵也只得掉頭撤退。這場颱風後來取名為「神風」，帶有天神介入的意思，不過到了20世紀，這個詞因為用於「神風特攻隊」，所以意義又變得大有不同。擊退蒙古後，日本寧息了一陣子，但才過不久，後醍醐天皇又於1331年在優秀將領楠木正成的協助下，開始反抗北條氏幕府，引發了南北朝戰爭，導致皇室分裂為南北並各自稱王，楠木正成也在1336年7月5日喪命於史詩級的湊川之戰：他眼見反抗足利氏無效，便選擇切腹自我了斷，而足利氏則乘勝接管幕府大位，並統治了200年。但到了1467至1477年，因幕府繼承權而起的應仁之亂讓日本進入了戰國時代，諸國與氏族間爭鬥不斷，延續了一個多世紀，武士也因而變得十分搶手。

西元1218年入侵日本的蒙古艦隊。蒙古當時軍力較強卻仍落敗，但並不是日本反攻有成，而是因為颱風「神風」來攪局，所以才敗在大自然手下。

分裂的歐洲與戰爭的巨變

在本章節最後，我們要將場景轉回西歐，並聚焦於12至15世紀，為中世紀戰史的討論劃下句點。從史學角度來看，這段複雜的時期意義深遠，歐洲人表面上雖信仰倡導和平、寬恕與自律的基督教，卻仍相互廝殺、惡鬥連天，各國與各對立教派之間衝突不斷，教會與皇室反目，好鬥的君主與貴族更是吵嚷不休，所以歐洲幾乎一直籠罩在戰火之下，鮮有安寧之日。這段時期的作戰方式也有重大變革，由英法雙方率先改變，但西班牙、義大利和瑞士等其他諸國的角色也相當關鍵。

歐洲這段時期的戰爭數量實在太多，我們不可能逐一分析，但可以探討引發衝突的兩大因素：其一是天主教教宗、法國國王及神聖羅馬皇帝（Holy Roman Emperor）間的權力衝突造成派系分裂，進而引發各種內戰與國際戰爭。舉例來說，在神聖羅馬帝國霍亨斯陶芬王朝（Hohenstaufen）統治時期，有「Barbarossa」（義大利文的「紅鬍子」）之稱的皇帝腓特烈一世（Frederick I，西元1155至1190年在位）就曾在1154至1174年多次揮師義大利，挑戰教宗及當地城邦的勢力，而倫巴底聯盟（Lombard League）也於1167年成立並開始抵抗。腓特烈一世是個優秀將領，特別擅長圍城，在1159年7月至1160年2月的克雷馬圍城（Siege of Crema）中，他善用投石機與撞擊裝置，同時破壞城牆根基，慢慢攻破了敵方防線，其中有座攻城塔高達6層，共32公尺，需由500人合力才有辦法推到城垛上。最後，城內的人多半餓死，克雷馬城也燒成灰燼，不過腓特烈一世在義大利的擴張行動終究止步於1176年5月29日的萊尼亞諾戰役（Battle of Legnano）。當時，米蘭有支國民軍堅決反抗，擊破了他的騎兵

這幅中世紀作品左側描繪的應該是配重式拋石機，但臂樑上又站有士兵，顯示這部突襲裝置具有一定程度的機動性。

部隊，迫使他逃離戰場，多數兵力也都被殲滅。後來，腓特烈一世將眼光轉向十字軍東征，卻於1189年在土耳其的河裡溺斃。

中世紀後期持續最久的戰亂，是英法間的「百年戰爭」，雖以這個名稱一體涵蓋，但指的其實是1337至1453年間的一連串鬥爭，起因於英王企圖控制法蘭西王室。愛德華三世（Edward III）於1340年6月22日率領艦隊入侵法國時，英國已打了許多內戰，包括第一次男爵戰爭（First Barons' War，1215至1217年）、第二次男爵戰爭（Second Barons' War，1264至1267年），以及蘇格蘭和威爾斯的大型反叛。在百年戰爭之初，英國搶先奪下數場勝利，至今，較為傳統的教科書對這些戰役仍津津樂道，包括斯勒伊斯海戰（1340年6月24日）、克雷西（Crécy，1346年8月26日）和普瓦捷（1356年9月19日）的陸戰，以及最著名的阿金庫爾戰役（Battle of Agincourt，1415年10月25日）——6000名精疲力竭的英國及威爾斯步兵在亨利五世（Henry V）的帶領下，擊敗了2萬至3萬人的法軍部隊，就連最出色的法國騎士也敗下陣來。可惜在這些里程碑

這幅作品重現1346年英法克雷西戰役的場景，右側為英國部隊，其中，支援騎兵的是地位重要的長弓手。

這幅備受珍視的袖珍畫描繪了1415年的阿金庫爾戰役，雖然許多細節都不甚精確，但弓箭手確實會列陣於菁英騎兵前方。我們可由此看出箭術在這場戰爭中的重要性。

之後，卻是長期的挫敗之路，最後，英國終究輸掉了在法國的所有統治權，更慘的是，百年戰爭也引發了玫瑰戰爭。這場為爭奪王位而打的內戰一路從1455延續到1487年，使英國深受其害。

在1100至1500年間，歐洲騎士在部隊中多半占據最高軍階，是菁英級的武裝騎兵，經常給人貴族的印象，但其實許多人並非出身上流階級，是在騎士家中見習或擔任隨從多年並成長到一定年齡後，才得以加冕為騎士；此外，在戰場上若表垷英勇，也可能當場獲封騎士。不過到了晚期，騎士身分確實已轉為世襲制，並因文學作品而摻入浪漫情懷與俠義精神，行為高尚、作戰勇猛的神聖戰士形象也就此塑造而成。

這幅作品描繪的不是戰爭，而是中世紀的騎士混戰，是比武大賽的看頭之一。場內騎士會徒步或騎馬對決，有時是一對一決鬥，有時則分成兩隊。

精美的盔甲與武器、駿馬和個人隨從，向來是騎士的身分表徵，到了中世紀末期，盔甲甚至已演變成全鉸接式的板甲。這一切當然極度昂貴，也由於費用必須自行吸收，所以許多人並不想當騎士，卻很少能躲掉。值得一提的是，武裝騎兵並不一定是騎士，可能只是所謂的披甲騎兵（man-at-arms）而已。不過到了14世紀，越來越多國庫都開始支薪，以感謝騎士在戰場上的功勞，所以招募問題也獲得了一定的緩解。

一般而言，騎士是訓練有素的戰士，對戰爭理論與實務都瞭若指掌，而且真正上過戰場，或曾歷經娛樂性比武競賽的殘酷考驗；主要武器是雙刃長劍、釘齒狀戰錘、錘矛及木製騎槍；有時駕馬作戰、有時下馬打仗，只有騎槍是在馬背上時才使用。

　　騎士不僅是菁英戰士的代表，也象徵著神安排的階層——這樣的概念又稱為「存在之鏈」（chain of being），最頂端是國王或女王，然後一路向下排至最底層的平民。在歐洲，四處以石材建造的宏偉城堡也是這種階級的具象化表徵，在征服者威廉於1066年拿下英國後，城堡更是越來越多。

　　不過到了中世紀最後，一連串的軍事改變先是讓人開始質疑社會階層，後來也嚴重削弱了眾人對階級制度的信心。由於許多變化都是在文藝復興時代才完全成熟，我們會在下個章節一併介紹，在此僅先簡單討論最重要的幾點：

步兵崛起

　　在14世紀前的千餘年間，騎兵一直是軍隊主力，但到了14、15世紀，步兵卻開始慢慢重返核心地位。當時，新式武器（尤其是歐洲十字弩）、英國長弓及早期的火藥型槍械與大砲紛紛出現，一旦遭到射擊，即使有板甲保護，也不再是金剛不壞之身。其中火藥和十字弩又特別關鍵，因為容易上手，不像長弓那樣，必須從青少年時期開始訓練才能正確使用，換言之，就算是欠缺作戰天分的平民，也能輕鬆除掉出身軍

北威爾斯沿岸的康威城堡（Conwy Castle）建造於13世紀，在當時是相當先進的防禦工事，城牆周圍設有殺戮區（kill zone），可讓防禦部隊在此殲敵。

事世家且經驗豐厚的武裝騎士。再者，有些國家也開發出更有效率的步兵陣列，譬如帶領胡斯派（Hussites）的捷克將軍揚‧傑式卡（Jan Žižka）就率先以裝甲戰車運送軍需，並排出幾乎滴水不漏的防禦車陣（laager），讓步兵與砲兵能從車上或戰車間的空隙開火；另一方面，瑞士則回歸傳統，採用排列緊密的方陣，讓士兵持6.4公尺的長柄槍，並訓練他們以極具侵略性的打法，快速朝敵軍蜂擁而上，在那時，幾乎沒有部隊招架得住。此外，越來越多統治者開始採行相關措施，以建置由國庫統一發薪的正統常備軍，這麼一來，就不必再受制於封建制度下的徵兵制及雇傭兵不穩定的情形。這些新建置的常備軍，也就是專業軍隊的真正起點。

描繪施瓦本戰爭（Swabian War，西元1499年）多爾赫納戰役（Battle of Dornach）的彩色木刻版畫。左上角的武器為早期加農砲，輪式戰車上也置有較輕量的其他火砲。

堡壘與圍城

　　攻城戰在中世紀及之後數百年的戰爭中都經常出現，對攻方而言，這種戰法的難處在於中世紀的堡壘越建越堅固，結構也越趨繁複。10世紀時，一般城堡都屬高台類型（motte-and-bailey），高聳的木製或石製主樓蓋在凸起的平台（英文中稱為「motte」）上，正面或四周則為封閉區域（「bailey」指的就是這塊地）。到了1500年，堡壘工事大有進步，以同心圓模式構築的城牆至少會有兩圈，牆邊也會按固定間隔搭建塔樓，以確保守軍在禦城時沒有視線死角；城門兩側設有守望樓與防禦塔，通常必須經由活動式吊橋才能抵達；城壕、溝渠和護城河則提供外圍防護，許多堡壘也因地理特性而很難靠近（尤其是在英國），使攻城部隊在行動時大傷腦筋。綜合上述條件，再加上防禦部隊自家的攻城武器及後來的加農砲，就能打造出難以攻破的中世紀堡壘了。

⊙ 長弓

　　在克雷西、普瓦捷和阿金庫爾等戰役當中，英國長弓都是致勝關鍵，而且一度是歐洲軍隊威力最強的武器。這種弓的長度介於167至200公分，依拉弓手的身高而定，是由單塊木材製成，最上等的材料是紫杉木，但榆樹、橡樹、梣樹、山胡桃木、榛樹和楓樹也都能替代。長弓的拉力為68公斤整，需經過多年練習才能用得純熟，所以一般都從年少時就開始訓練，也因此，中世紀弓箭手的骨骼通常都有變形現象，又以脊椎、肩膀和左臂等部位特別嚴重。不過，長弓的有效射程可達320公尺，若搭配錐頭箭使用，還可射穿鏈甲，情況理想時甚至能刺入板甲，所以如果幾千支齊射，對敵軍步兵與騎兵的殺傷力不在話下。

現代歷史重演活動的參加者示範長弓使用技巧。由於弓的拉力很大，所以肩膀與胸部肌肉勢必得夠強，至於準度則須練習多年才能養成。

早期加農砲的砲管設置於原木支架上，所以透過微調來提升精準度的空間有限。

　　雖說難以攻破，卻也並非刀槍不入。這段時期的攻城武器多半雖仍是古代就已開始使用的塔樓、撞擊裝置、投石機、鉤爪及其他機具，但威力已發揮到極致，遠勝從前。配重式長臂拋石機出現於12世紀，最強勁的類型能將100公斤的石球投擲到約200公尺遠處；到了15世紀，火藥型加農砲對堡壘圍牆產生了新的威脅，也終究導致城堡走入歷史。舉例來說，在1453年的君士坦丁堡圍城戰中，蘇丹王穆罕默德二世（Sultan Mehmed II）的圍攻部隊就祭出許多威猛石砲，最大的一門甚至能發射500多公斤的圓球形石製砲彈，要擊碎城牆絕對不成問題，所以即使是最穩固的防禦堡壘，也都不再無懈可擊。

火藥

　　火藥型武器的出現對戰爭史造成了天搖地動的重大改變。據推測，中國在9世紀前後發明火藥，並廣泛用於各種武器，如火箭和投擲彈。

威力強大的沙皇砲，1586年以青銅鑄成，砲管直徑為89公分，鐵製的球形砲彈則重達1噸左右，不過這門大砲很少發射。

13世紀時，這種可燃物質傳入了歐洲，一開始是用於形似花瓶但極度粗糙的火砲，以鐵或青銅鑄成，能發射沉重的箭與石球。後來相關技術穩定進步，外型傳統的石砲也隨之誕生，可固定在木架上，或設置於軍陣中的土丘，投射鐵或木製的球形砲彈。這類武器雖有一些後膛式的種類，但多半仍採前膛式設計，再加上早期火藥品質不佳，所以準確度低又難以預測。到了14世紀晚期，火藥技術大幅提升，加農砲的成效也顯著好轉，關鍵就在於「粒化」（corning）這道程序，也就是確保每個炸藥粒子大小一致，且所有粒子都含有適當的成分。到了中世紀末期，火砲不僅已成為首要的攻城武器，更與輕型輪式戰車結合，開啟了野戰砲的時代。

中世紀早期的手銃，使用起來非常笨拙，且準確度極低。圖中的士兵將握柄夾在腋下，同時得用另一手將已點燃的火繩裝入點火孔。

步兵使用的小型槍械是由火砲衍生而來，尺寸做得較小，可以拿在手上使用，最早期時，基本上就只是在鐵管上鑽出槍口與點火孔而已，有時會綁到木柄上，讓士兵夾在腋下大致穩住；至於填火藥與發射則極為不便，就連射中30公尺內的目標都算幸運。不過後來技術進步，槍托的設計逐漸成熟，能很方便靠在肩上；蛇桿則提升機械效率，讓士兵可以迅速把燃燒中的火柴置入槍池、引燃火藥；有了扳機和槍托後，步兵也因而得以專心瞄準目標。這種早期燧發槍的名稱很多，譬如「鉤槍」（法文的arquebus）就是比較常見的一個，但無論怎麼稱呼，都開啟了標準步兵槍械的時代，只不過至少要到一世紀後，才真正能打敗弓箭與十字弩就是了。

西元1453年5月29日，拜占庭帝國的偉大首都君士坦丁堡在遭遇兇殘的消耗式圍城戰後，落入鄂圖曼土耳其蘇丹王穆罕默德二世的手中，羅馬帝國的最後遺珠就此殞落，奧古斯都當年打下的帝國架構全然瓦解，伊斯蘭教更取代了基督教，將巴爾幹半島占為長期據點，一段具有決定性影響的歷史時期也宣告結束。接下來的年代稱為「近代早期」，全世界的文化、科技和藝術領域都見證了有史以來最輝煌的躍進，但辛苦研發的技術雖成就了這些進步，卻也應用到戰場上，對人類和平而言著實可惜。

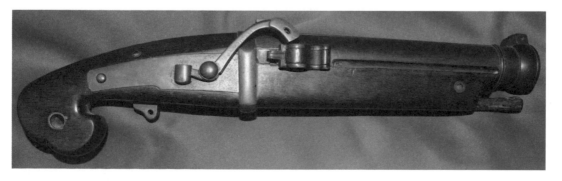

早期的日本手槍，採用簡單的火繩機制，使用時，彈簧式曲柄內的火繩會燃燒。

第3章
近代
早期戰爭

在 1500 至 1750 年這段時期，戰爭史歷經了重大改變，作戰技術與策略都從中世紀進階成現代等級，也為沿用至今的軍事兵法、理論與架構奠定了基礎。

描繪白山戰役（Battle of White Mountain）的17世紀作品。文藝復興時期的這場戰役於1620年11月7至8日發生於布拉格附近，部隊以結合步兵、騎兵與砲兵的制式化軍陣應戰，從圖中，我們可看到大量長柄槍高舉於燧發槍手頭上。

從戰爭史的角度來看，16世紀到18世紀中葉這段時期極為複雜，少有其他年代能出其右。在西方定義為文藝復興的這250年間，宗教派系、帝國與王朝幾乎毫無停歇地窮爭猛鬥，而且原因看在現代人眼裡可能相當難懂。不過在砲火連天之時，戰爭經常也能驅動急遽的創新，文藝復興時代也不例外。多虧了胸懷遠見的領袖、指揮官及發明家，戰爭的各個層面都發生許多大小變革，如步兵的戰略與武器、軍陣的排列方式、常備軍的人數與組織、火砲的使用、騎兵的角色與多元性、堡壘與圍城手法、改以船帆提供動力的戰艦，以及戰爭範圍擴及國際等等。換言之，戰爭有了進一步的演化與發展。

作戰方式與時俱進

在前一章探討的中世紀時期，槍械和火藥型砲彈首度出現在戰場上，搖撼了數世紀以來的社會與軍事階層。以砲彈而言，16世紀早期的加農砲仍有許多限制，既笨重又難搬移（放置標準重型加農砲的箱型軍車需要23匹馬才拉得動），而且因為必須在重量、機動性與射程間取得平衡，火砲與管徑的種類過度增加，導致彈藥的製造與供應都出現問題。不過自16世紀中葉起，查理五世（Emperor Charles V）和法王亨利二世（Henry II）等具前瞻眼光的領袖都開始對火砲進行標準化，規定只能製造特定種類，以免產線應付不來。其中，長型的蛇砲（culverin）射程遠、軌道扁平，而迫擊砲則是砲身短、外殼厚，能沿弧線將彈藥拋射到高空中，不過射程相對較短，所以適合用於攻城。

英國的24磅加農砲，目前仍保存於加拿大多倫多的約克堡（Fort York）。這門大砲設置於駐防要塞的鐵鑄軍車上，由於車輪太小，而且缺乏懸吊系統，所以不適合部署於開放式戰場。

有了標準化的基礎後，火砲終於在17世紀開始展現眾人引頸期盼的威力。以軍事革新而言，瑞典國王古斯塔夫・阿道夫（Gustavus Adolphus，西元1611至1632年在位）是當代改革範圍最廣的領袖之一，在他的掌管之下，軍隊事務的所有層面幾乎都有所變革。他將火砲管徑統一成最實用的24磅、12磅和3磅（這些數字是砲彈的重量），以提升製造效率；另外，他也改良槍管與火藥製法，在不犧牲殺傷力的情況下減輕武器重量，加強了槍械的可攜性。

在17、18世紀，許多軍隊都持續實驗，希望能確定哪個範圍內的標準化口徑最適合用於作戰，而戰車技術也大幅提升，不僅有了雙輪車型，輻條式的輕量車輪與穩定的懸吊系統也讓加農砲在戰場上機動性大增。

步兵的槍械在設計與功能上同樣歷經多次改良，譬如燧發槍就誕生於16世紀後半葉，一開始是使用火繩，比鉤槍重、射程較遠、對盔甲的穿透力也較強，但火藥裝填速度慢，而且前端既重又長，發射時必須以叉狀支架撐住。不過雖有這些缺點，燧發槍仍在16世紀末逐漸取代了鉤槍。

話雖如此，軍隊仍需要更快而有效率的發射機制，以提升彈藥裝填次數，進一步改善射擊速率。西元1500年，輪簧式裝填法問世，原理是將彈簧置入鋼輪，這樣扳

機扣下時彈簧就會鬆開，使鋼輪旋轉並與黃鐵礦摩擦，製造出火花後，槍池中的火藥便會引燃並射出槍管。輪簧槍的一大優勢在於填入彈藥後不一定得馬上發射，相較之下，已點燃的火繩可沒辦法藏在口袋裡等一下再用。這種新式技術主要用於手槍，讓騎兵騎馬時可方便地單手操縱，不過若要生產給大型軍隊會非常昂貴，所以通常只有菁英戰士能用。

後來，撞擊式燧發機於1560年代出現，又促成了一波武器大躍進。這項發明的原理是將打火石置於錘頭下方，而錘子又裝有彈簧，會在扣扳機時落下，擊中槍池上方的鋼片，進而產生火花以達到引燃效果。這種技術在1600年代早期帶動了燧發機制的進步，因為相對簡化，所以適合用於製造大量的標準化武器，即使是最貧寒的步兵也能配備，而且以當時的標準而言已相當可靠；後來，裝填預製火藥的彈藥筒問世，球彈與填料就此結合，很方便使用（可能是阿道夫的眾多發明之一），而普魯士人更在1718年前後製造出鐵製雙頭推彈桿，速度比原先的木製單頭推桿快，且更為耐用。多虧了這兩項進步，射擊速率得以提升至每分鐘大約4次；此外，燧發槍的重量也減輕至5公斤左右，所以前端不再需要用支架撐住，步兵也開始可以帶在身上四處移動了。

刺刀（bayonet）也是槍械設計的一大進步，只要綁到槍上，就能讓步兵立刻化身長槍兵。最早期的刺刀是塞在槍口，所以如果要用刀，彈藥就無法發射；不過插套式刺刀在1680年前後發明而成，可插入槍管外側的開放式金屬圓筒，因此即使槍上有刀，還是能裝填並發射火藥。

插套式刺刀發明，再加上火砲崛起，讓長槍兵終究從戰場上銷聲匿跡。不過在本章討論的時期，近身肉搏戰仍相當常見，所以刀劍、騎槍、斧槍及長柄槍等具穿透力的鋒利武器，多半仍在戰爭中扮演重要角色。

極為精緻華麗的輪簧手槍，擁有者是巴伐利亞的國王馬克西米利安一世（Maximilian I of Bavaria，西元1597至1623年在位）。這種槍相當昂貴，通常只有社會菁英與富裕的騎兵能使用。

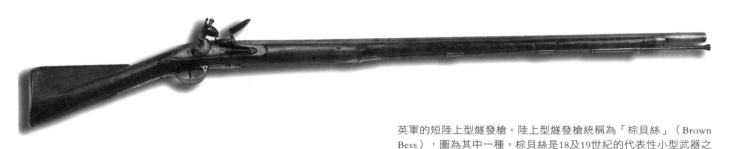

英軍的短陸上型燧發槍。陸上型燧發槍統稱為「棕貝絲」（Brown Bess），圖為其中一種。棕貝絲是18及19世紀的代表性小型武器之一，在大英帝國和北美都會使用。

⊙ 攻城手法與禦敵堡壘

　　火砲的發明永久性地改變了防禦堡壘與攻城技巧，自16世紀起，聳立於高地上的要塞（基本上就是中世紀的城堡）突然成了槍手最容易瞄準的目標，而且加農砲的槍管稍微上抬時，能避免火藥遭到壓縮並抵銷重力作用，所以效果也最好。因此，在16、17世紀時，軍事工程與建築專家如巴爾達薩雷・佩魯齊（Baldassare Peruzzi）、文森佐・斯卡莫齊（Vincenzo Scamozzi）、塞巴斯蒂安・勒普雷斯特・德・沃邦（Sébastien Le Prestre de Vauban）及門諾・范・科霍恩（Menno van Coehoorn）等人，都開始構思設計新型堡壘，希望能提升防禦力，並讓要塞能抵擋以加農砲進行攻城攻擊的軍隊。基於這個原因，堡壘不僅高度降低，建材也變得厚重，外牆周遭有土坡能擋下砲彈、提供防護；凸出的三角形稜堡上架有火砲，發射時沒有死角，可加強防守；加寬的壕溝則能讓進擊的騎兵止步，且河的外圍還有一圈緩坡保護，坡上更設有防禦用的加農砲。

　　對攻城部隊而言，這些設計完全重寫了攻城戰的規則，畢竟傳統上可攻破城牆的許多經典戰略（如挖地道）都變得很難執行。因此，士兵只得改挖掩壕，一路往敵軍的堡壘挖去，以長射程槍械為掩護，在靠近外牆與防禦兵力的途中持續設架火砲，待砲兵與持燧發槍的步兵都推進至足以壓制對手、造成破壞後，圍城軍就會大舉進攻，打個敵方措手不及。

　　以技術與戰略而言，文藝復興時代的圍城兵法與要塞工法都充滿複雜巧思，以上概覽並不足以完整說明。此外，由於圍城戰與堡壘設計和火砲及軍事工程一樣，都有技術上的門檻與條件，所以軍隊也越來越需要能長期任職軍中的技術專家。

位於西班牙北部的哈卡要塞（Ciudadela de Jaca）。從這張空拍圖中，我們可看出幾何式防禦守則對近代早期堡壘設計的影響。

軍隊與戰略

　　在16世紀，許多軍隊參戰時其實都只有小規模的常備軍，反倒是提供支援的特遣傭兵部隊人數較多。不過到了17世紀，軍隊的組成、組織與管理都歷經了關鍵性的改變，而背後推手正是阿道夫、路易十四（Louis XIV）和拿索的約翰‧毛里茨（John Maurice of Nassau）等關鍵人物。事實上，改革在當時有其必要性，因為在這段時期，軍隊規模越來越大，維護與部署工作對國家經濟造成了重大負擔，在某些大型戰爭期間，軍事開銷甚至高達全國預算的90%。另一方面，軍隊逐漸減輕了對雇傭兵的依賴，由國庫出資建置的專業常備軍也成為常態。

　　在文藝復興時代，軍隊逐漸開始將標準化單位用於組織管理，我們至今仍會使用的「連」、「營」和「團」也包含在內。這些單位是常備軍中的常態性隊伍，並不是出兵前才臨時組成，而且會定期招募新血，以維持一定的兵力。這樣的系統大幅提升了指揮、訓練及物流效率，而且每個單位會各自養成獨特的作戰風格與傳統，也有助強化身分認同。另一方面，由於使用火砲這類的武器需要較進階的技巧，所以軍隊也開始專業化，譬如阿道夫就捨棄了約聘制的平民，讓專業士兵擔任砲手，以確保使用

描繪呂岑會戰（Battle of Lützen，西元1632年11月16日）的全景作品。這場戰役發生於三十年戰爭（Thirty Years' War）期間，瑞典國王阿道夫就是死於此役。

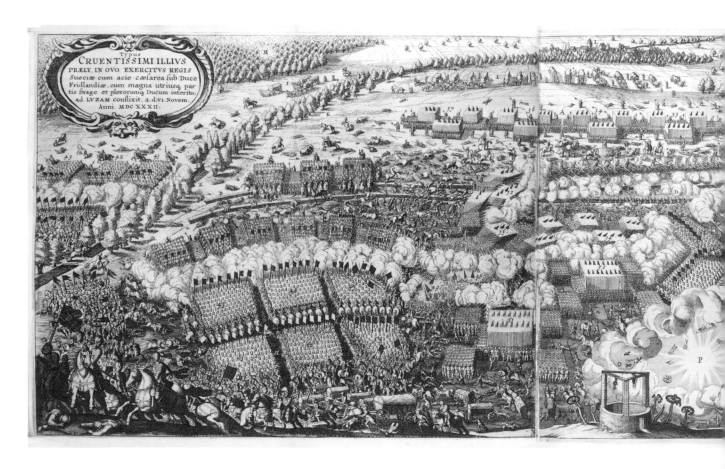

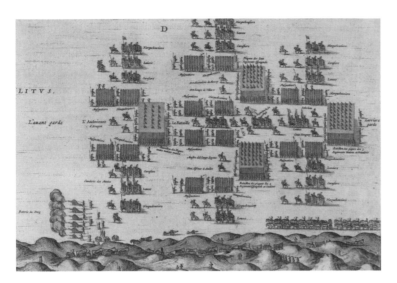

上的重要知識能有效傳授給將來的砲兵，且不會外流。值得一提的是，軍隊在這個時期也逐漸與家族脫鉤，進而催生了明確的資歷與升遷制度。

作戰策略同樣歷經了重大變革。在文藝復興初期，最理想的步兵軍陣是所謂的「西班牙大方陣」（tercio），由西班牙國王斐迪南（Ferdinand）在1505年規制化而得名。西班牙步兵會排成大約1000人的縱隊（在西文中稱為「colunela」），當中不乏鉤槍兵、長槍兵和斧槍兵等必要兵種，且真正上戰場時，3個縱隊通常又會排成更大的陣列，形成西班牙大方陣。一般而言，西軍會把人數比例高的長槍兵安排在中央，鉤槍兵則配置於兩翼提供支援。

西班牙大方陣內含長槍兵與鉤槍兵，影響歐洲戰場長達一個多世紀，後來是因為火砲的威力漸強才不再盛行。

在16、17世紀時，步兵的編制與作戰方式有三大改變：第一，持鉤槍與燧發槍的士兵比例提升，成為軍隊主力；第二，拿索的約翰·毛里茨等改革領袖讓前排槍手輪番發射，改善了齊射時的發射速率，後來，燧發槍手也開始實行同步跪地、起立的做法來增強火力；第三，步兵陣列越來越窄，逐漸發展成深度只有四至六排的帶狀隊伍。在這種新式軍陣中，部署於敵軍正前方開火的步兵數量大增，再加上砲彈轟天震地的威力，火藥消耗戰因而成了陸戰的重頭戲。

在16至18世紀，歐洲騎兵也有所改變。槍械和火砲開始流行後，中世紀的重裝騎士成了名符其實的過氣產物。在文藝復興時期，騎兵種類變得多元，其中一個原因在於伊斯蘭部隊典型的敏捷輕騎兵在交戰時，對歐洲軍造成了一定的影響。在大規模的進攻之中，重裝騎兵仍是主力，在這段時期主要是由胸甲騎兵（cuirassier）擔任，他們身穿厚重胸甲，以最高大的駿馬為坐騎；不過撇除胸甲騎兵與類似的兵種不談，中度及輕度武裝的騎兵也越來越多，包括驃騎兵（hussar）、龍騎兵（dragoon）和騎槍兵（lancer）等等，每一種都有各自的角色與身分。這些士兵的工作並不固定，可彈性調度，除了親上戰場進擊外，也可以負

燧發槍齊射策略的現代展演。光是幾把槍就能製造出這麼大的煙霧，如果用上幾千把，戰場上的能見度勢必會縮短到幾公尺而已。

內茲比戰役（Battle of Naseby）中的情況。這場戰役發生於1645年，對英國內戰而言相當關鍵。在這幅作品中，議會派騎兵用槍射擊揮劍的保皇派敵兵。

責掩護、偵查、追捕等其他工作。此外，槍砲戰隊同樣在此時期誕生，所有成員都配有坐騎，因此能跟上騎兵的作戰速度，並快速頻繁地部署槍械，善用策略性機會。

手槍和卡賓槍（carbine，全長式燧發槍的短版）豐富了騎兵的武器種類，也催生出許多新式戰略，譬如騎兵團在行使戰馬半旋轉策略（caracole）時，會駕馬奔向敵軍步兵，並統一將馬轉向，然後抽出手槍發射（通常每人會佩帶3把），再退至後方裝填彈藥，與此同時，則會有另一團步兵輪替至前排重述上述戰略。戰馬半旋轉的效果究竟如何，各方多有爭議，畢竟敵軍的步兵和騎兵都很容易反攻，而且步兵攻擊的強度又遠甚於騎馬打仗，所以這種戰術到了17世紀末便已不再流行。

海上戰役

在文藝復興時代，變革最劇烈的戰爭莫過於海戰。這段時期之初的主要戰艦仍是槳式帆船，適合用於衝撞或登船攻擊，船頭設有小管徑的加農砲，但火力不算太強，出航多半是為了運送軍需，或為部隊提供作戰平台。不過到了16世紀，尤其是在英王亨利八世（Henry VIII，西元1509至1547年在位）實施了密集的造船計劃後，新型軍艦如克拉克帆船和蓋倫帆船（galleon）都紛紛出現。以英國的版本而言，船樓（主甲板首尾處凸起的平台）的高度較低，以裝載最多火砲為目的，不久後，各國也開始仿效起這樣的設計原則。砲眼的發明相當關鍵，基本上就是在船身上設置軸門，讓軍隊能將加農砲架設於下層甲板，並在行動時打開砲眼，把砲管伸出船外。如此一來，船上即使有數噸的火砲彈藥，都不會頭重腳輕、行駛不穩；此外，士兵也可以從船舷發動猛烈攻擊，以連番砲火轟炸敵軍，威力更勝某些陸上部隊，所以砲眼的重要性可見一斑。

英國皇家海軍（Royal Navy）也發展出評等系統，依據大小及可裝載的槍砲數量將戰艦分類，總共可分為六級，前三級是風帆戰艦（ships of the line），可在最前線服役，如果有超過80管槍砲分散配置於三層甲板，就算是第一級。到了18世紀末期，一級戰艦通常會編制850名士兵及100多門重型加農砲；另一方面，第六級船隻則屬巡防艦（在分級制中稱為「post ship」），僅能裝載20至28支槍砲。

海戰時代來臨，使船隻設計、戰術制定及海軍策略都徹底改變。在歐洲地區，英國、西班牙、法國和荷蘭是軍艦製造領域的核心要角，其中又以英國最富優勢，海上技術也最進步。英國皇家海軍十分重視槍砲性能，而且求快，因此透過以繩子控制的改良式線圈，大幅加快了重填彈藥的速度。戰術方面，英國海軍將領開始採行近距離攻擊，先靠近敵軍戰艦，然後再猛攻

英國的克拉克帆船「上帝的恩典亨利」（Henry Grace à Dieu）於西元1514年開始服役，在當時是全世界最宏偉的戰艦之一，船上編制的士兵超過700人，更設有管徑不一的184門火砲。

在1607年的直布羅陀戰役（Battle of Gibraltar）中，荷蘭和西班牙戰艦互咬不放，纏鬥了4小時。後來，災難性的彈藥庫大爆炸摧毀了西班牙的旗艦，這幅作品描繪的就是當時的場面。

到對方投降或沉船；相反地，法軍則以保護艦隊為重（在文藝復興中期以後尤其如此），通常都會先破壞敵軍的主桅，藉此癱瘓船隻，如果情勢不利，便直接撤退，而不會貿然交火，拚戰到兩敗俱傷。不過這只是大原則，例外狀況當然有，畢竟打仗時情勢多變，而且每個指揮官的偏好也不盡相同。

戰艦的發展使海與大洋正式成為戰場，但更重大的影響，在於戰爭也以前所未見的形式擴及全球，即使交鋒的是歐洲國家，戰線也可能拉到加勒比海、大西洋、印度洋和太平洋等幾千里遠之處，換言之，戰爭的範圍遠比從前更廣了。

伊斯蘭戰爭

在前一章，我們見證了世界歷史的重大時刻：在伊斯蘭教擴張得如日中天之時，鄂圖曼帝國的蘇丹王穆罕默德二世攻下君士坦丁堡，拜占庭帝國就此滅亡。到了16、17世紀，穆斯林勢力依舊龐大，主要可分為鄂圖曼土耳其帝國、波斯的薩非王朝（Safavid Dynasty）及印度的蒙兀兒帝國（Mughal Empire）。

其中，鄂圖曼人的崛起最受矚目，他們在許多領域都勇於現代化，火砲技術尤其先進，而且擁有驍勇善戰的軍隊，並藉此拓展出遼闊疆域，領土面積於穆罕默德四世統治時（Mehmed IV，西元1648至1687年在位）達到高峰，幾乎涵蓋巴爾幹半島全境，也觸及北非多數區域、歐洲東南部、敘利亞、巴勒斯坦、伊拉克和阿拉伯半島東部。擴張行動無可避免地帶來了頻繁的衝突，而鄂圖曼帝國又最常與歐洲人及薩非帝國的波斯人交火。對鄂軍而言，這些戰役都是讓耶尼切里（Janissary）步兵與精良騎兵展現傲人優勢的好機會，其中最具代表性的幾場如下——1514年8月23日的查爾迪蘭戰役（Battle of Chaldiran）：鄂圖曼在伊朗西北部打敗薩非軍，奪得決定性的勝利；1517年1月22日發生於埃及的里達尼亞戰役（Battle of Raydaniya）：這場仗打完後，鄂軍拿下開羅，馬木路克蘇丹國（Mamluk sultanate）也隨之崩毀；1526年8月29日的摩哈赤戰役（Battle of Mohács）：蘇萊曼大帝（Suleiman the Magnificent，西元1520至1566年在位）領軍進擊匈牙利王國的首都布達（Buda），並打垮拉約什二世（King Louis）。匈牙利因戰敗而成為鄂圖曼帝國的附屬國（vassal state），3年後，蘇萊曼再度出軍，企圖以圍城戰攻破維也納，可惜並未成功。

然而，歷史上幾乎所有帝國都會因某個關鍵性事件而開始走下坡，或至少會陷入一段低迷時期，讓人能看出帝國即將衰落。雖然鄂圖曼勢力以各種形式一路殘存到20世紀，但實際上，浩大的勒班托海戰（Battle of Lepanto）在1571年10月7日就已為帝國命運埋下了轉折點。在這場史詩級的槳帆船戰中，鄂圖曼艦隊於希臘外海對上神聖聯盟（Holy League）的聯合艦隊，也就是由教宗庇護五世（Pope Pius V）主導而組成的歐洲聯軍，而哈布斯堡帝國（Habsburg Empire）也參與其中。此帝國在歐洲領土遼闊，是由哈布斯堡家族以奧地利為主要據點統治。在1440

身著制服的鄂圖曼帝國耶尼切里軍。他們原本是奴隸兵，但對帝國忠誠，且作戰時紀律嚴明，因此擁有令人聞之色變的聲譽。

西元1526年8月29日的摩哈赤戰役是由鄂圖曼帝國對上匈牙利王國,後來鄂圖曼土耳其人獲勝,將匈牙利大部分的區域都納入了穆斯林的統治版圖。

發現於奈及利亞貝南城(Benin City)的銅雕作品。領軍的戰士戴著豹齒項鍊和以珊瑚釘裝飾的頭盔,兩側有隨從的士兵護衛。

至1740年間,哈布斯堡王朝的統治者也身兼神聖羅馬帝國皇帝。在勒班托一役中,船槳、弓箭等各種武器囂鬧交戰,戰況殘暴,鄂圖曼軍艦被打得一蹋糊塗。雖然他們隔年就迅速重整艦隊,但歐洲海軍在本章所探討的時期先是穩定發展,接著又急速成長,面對這樣的局勢,鄂軍艦隊在世界各地都受挫失利,1565年和1683年分別進攻馬爾他和維也納都鎩羽而歸後,在地中海的勢力也因而開始萎縮。後來,薩伏伊-卡里尼昂親王弗朗索瓦·歐根(Prince Eugéne Francis of Savoy-Carignano,文藝復興時期的偉大將領)率領奧地利部隊在森塔(Zenta,位於現今的塞爾維亞)把鄂軍打得一蹶不振,並於1716年的彼得羅瓦拉丁戰役(Battle of Petrovaradin)及1717年的貝爾格勒圍城(Siege of Belgrade)中再戰鄂圖曼,使帝國加速崩毀。

除了鄂圖曼帝國的領土和中東地區外，伊斯蘭政權的武力擴張也觸及非洲、中亞及印度次大陸。在北非，伊斯蘭軍從10世紀起就不斷向南推進，到1500年時已深入撒哈拉沙漠以南的區域；在非洲西北部，有鄂圖曼帝國撐腰的摩洛哥是當時最強大的政權之一，且擁有種族多元的現代化軍隊，對付入侵的歐洲軍毫不費力。舉例來說，在1578年8月4日發生於摩洛哥的三王戰役（Battle of Al Kasr al Kebir）中，阿卜杜勒-馬利克（Abd al-Malik）帶領的摩洛哥軍摧毀了以年輕國王塞巴斯蒂安（King Sebastian，西元1557至1578年在位）為首的葡萄牙戰隊，只不過兩位將領在此役中雙雙陣亡。再往更南部走，非洲本地的軍隊也經常交鬥，有時是為宗教而戰，有時則起因於常見的領土侵占，不過到了14世紀，奴隸交易也成了戰爭的主因之一：馬利帝國（Mali Empire）、桑海帝國（Songhai Empire）、阿散蒂王國（Asante Empire）、達荷美王國（Kingdom of Dahomey）及奧約帝國（Oyo Empire）等勢力較大的非洲諸強大規模揮軍弱勢的鄰近地區，俘虜成千上萬名奴隸後賣給地中海周邊的伊斯蘭政權，後來也和歐洲奴隸買賣商做起了生意。

西元1571年10月7日的勒班托戰役終於擋下鄂圖曼帝國在地中海的擴張，同時也是歷史上最後一場以槳帆船作戰的大型戰爭。

焦點往東移向印度，雖然伊斯蘭教自7世紀便在此生根，但要到穆斯林軍於16至18世紀入侵中亞時，才真正發揮影響力。在1525年，有「巴布爾」（Babur，在波斯語中是「老虎」的意思）之稱的戰士國王查希爾丁·穆罕默德（Zahiruddin Muhammad）帶領12000名烏茲別克士兵入侵北印度，並於1526年4月21日在德里（Delhi）北邊約90公里處的帕尼帕特（Panipat），對上蘇丹王易卜拉辛·羅迪（Ibrahim Lodi）人數遠多於己方的部隊。雖然易卜拉辛派出1000頭戰象支援，但巴布爾大規模部署加農砲與火繩槍，仍成功擊敗敵軍，為蒙兀兒帝國奠定了在南亞的基礎。

在拓展疆域方面，巴布爾的孫子阿克巴（Akbar）特別有貢獻，他在帕尼帕特1556年11月的另一場戰役中再次光榮獲勝，讓印度中北部的多數地區都成了蒙兀兒帝國的領土，而穆斯林聯軍也在1565年1月23日的塔利科塔戰役（Battle of Talikota）中擊敗毗奢耶那伽羅王朝（Kingdom of Vijayanagar），為伊斯蘭打通繼續南侵之路，不過終究在穆希德丁·穆罕默德（Muhi-ud-Din Muhammad）的擴張下被蒙兀兒勢力併吞。穆希德丁·穆罕默德又稱為奧朗則布（Aurangzeb），於1658至1707年間統治蒙兀兒帝國，不僅將領土拓張到最大，人民更多達1億5千8百萬。不過，帝國同樣在他擔任皇帝時開始走下坡，並於18世紀加速衰敗。面對印度教逐漸成長茁壯的馬拉塔帝國（Maratha Confederacy），蒙兀兒軍難以招架，最後在1771年將德里拱手讓給敵軍。

第一次帕尼帕特戰役中的殘暴場面。這場戰爭於1526年4月21日發生在印度，蘇丹王易卜拉辛·羅迪與蒙兀兒軍交戰後企圖撤退，結果慘遭斬首。

日本、中國與東亞

西元1468至1615年是日本的戰國時代。之所以如此稱呼，是因為在這近150年間，日本因大名（封建領主）爭相為王，而深陷幾乎未曾休止的爭鬥當中。

在眾家爭權的混戰中，某些將領自然而然地攀上高位，成了日本軍事與社會史上的傳奇。舉例來說，織田信長（西元1534至1582年掌權）自1560年起就四處出師，攻占了本州的大多數地區，是統一日本的先驅之一，只不過於1582年不幸離世。他從小就對戰爭事務有興趣，長大主導軍事行動、帶兵打仗時也確實展現出自信、才幹與創意，能出人意表地致勝，勝場數也迅速累積，譬如1560年6月，他就在桶狹間靠著騙術、突襲以及對地形的巧妙利用，率領僅僅3000名士兵擊敗了今川義元的2萬5000員大軍。不過，1575年6月28日的長篠之戰才是他最光榮的一役。這次織田信長的部隊多達3萬8000人，他非但不缺兵力，還採行創新戰略，將3000名鉤槍兵部署於木柵欄後，先是擊潰武田信賴派來打頭陣的武士騎兵，然後才在劍矛交鋒的近身肉搏戰中，搶下了得來不易的勝利。

描繪長篠之戰的全景作品。武田信賴和織田信長都將鉤槍兵部署於護城河及木柵欄後方，對敵軍的進擊騎兵造成嚴重傷亡。

現代重建的朝鮮「龜船」，甲板上有尖銳的釘狀物，能阻嚇敵軍登船。從圖中，我們可以看到船尾有砲門可架設加農砲，龍的嘴巴也是其中之一。

織田信長死於西元1582年，但並不是遭他人毒手，而是因為麾下的武士將領明智光秀領軍造反，而在叛變的最後階段自殺。不過，繼位的反倒是他手下的另一個將軍豐臣秀吉——這位大名在軍事上雄才大略，甚至有「日本拿破崙」的美譽。1582年7月2日，他藉著山崎之戰成功對明智光秀復仇（明智逃離戰場，但仍遭到謀殺），後來又在賤岳之戰（1583年4月21日）和小田原圍城戰（1590年）中，分別消滅了柴田勝家的軍隊，以及和關東地方的後北條氏。

　　豐臣秀吉死於1598年，不過與他同樣令人敬畏的大名德川家康（西元1542至1616掌權）仍完成了一統日本的工作。德川曾與織田和豐臣為敵，但後來成了兩人的有力盟友。在1600年10月21日，他於關原之戰中奪下日本史傳頌至今的精彩勝利，把石田三成所率領的盟軍打得潰不成軍，進而在1603年當上幕府將軍，就此開啟江戶幕府250年的統治。在這段時期，日本也相對和平。

　　日本在戰國時期的軍事行動並不侷限於國內，1590年代初期，豐臣秀吉開始把眼光探向國際，計劃入侵朝鮮，希望先占領朝鮮半島，然後再往北進攻中國。他在1592年5月23日發動攻擊，第一批日軍從釜山登陸，在接下來的幾天內，20多萬名日本兵也陸續上岸，並於好幾場重要戰役與圍城戰中擊退敵軍，成功似乎在望，可惜好景不常，朝內陸推進時遭遇了朝鮮凌厲的游擊式猛攻，因而陷入消耗戰，物流供應也開始吃緊。更大的衝擊來自海上戰場，因為朝鮮軍隊擁有數艘「龜船」，是外層覆鐵的創新戰艦，防護力基本上與金屬板甲無異；此外，還有才智出眾的名將李舜臣坐鎮指揮，使日本的軍需供應為之大亂。西元1592年，李舜臣多次在正面交戰中擊敗日本，打贏了唐項浦海戰（Battle of Danghangpo）和閑山島海戰（Battle of Hansando）等役，1597年又在因日本第二次入侵而起的鳴梁海戰（Battle of Myongyang）中告捷。日本第一次的侵略行動在1594年宣告崩盤，部隊幾乎全員撤離；二度出兵時，也是在初期的戰役中先節節致勝，但之後海陸戰力都逐漸吃緊，再加上明朝派出大量兵力支援，豐臣秀吉又在此時過世，所以最後仍在資源用盡的情況下，於1598年鎩羽而歸。

隨著德川家康戰勝群雄，日本看似永無止盡的內鬥時期也終於結束，局勢相對和平的250年就此開始。

武士史上也有許多傑出女性，這幅作品描繪的是偉大女將巴御前騎馬的模樣。這位女武士活躍於12世紀，以美貌、勇氣及拉弓舞劍的技巧聞名。

日本才剛安定下來，並重新建立秩序，中國就進入了紛擾不堪的時期。17世紀初的中國由已邁入衰敗的明朝統治，最大的威脅就是意圖叛亂的建州女真人首領努爾哈赤。女真人是滿州部族，在1610年前後曾起兵反明，隨著明朝走下坡，努爾哈赤的勢力也越來越大，再加上他將女真、蒙古及中國軍都納入高效率的軍事行政組織「八旗」（詳見下文獨立區塊的說明），所以又更具優勢。在1620年代，努爾哈赤和他的繼承者曾二度帶領統稱「滿軍」的部隊出兵中國，卻都因為將軍袁崇煥的抵禦而失利。

但到了1636至1637年，滿族大軍終成功拿下朝鮮，並在1644年攻破北京，建立了大清王朝。

不過軍事上的勝利並未帶來和平，畢竟中國領地遼闊，四處充斥政治妥協與地方勢力，滿族除了努力管理外，還得加以統一，所以內外戰爭囂囔，在17世紀幾乎從未停過。

西元1696年，一場著名的戰爭讓滿族充分展現出軍事能力與作戰風格。那年，康熙皇帝親自率領8萬人的精兵部隊橫越戈壁沙漠，迎戰蒙古的準噶爾汗國，史稱第一次準噶爾之役（西元1687至1697年）。這趟史詩級的旅途耗時長達80天，但康熙悉心調配物流，召集1333台軍需供應車來支援長征，所以軍隊抵達後狀態良好，並未因遠程跋涉而無法作戰。在1696年6月的昭莫多之戰中，滿軍以清代的火砲與燧發槍，徹底摧毀了缺乏火藥武器的準噶爾部隊。

西元17世紀的中國軍營。從圖中，我們可以看出物流供應很有組織，營帳的陳設也井然有序。

☉ 八旗子弟

八旗制度由努爾哈赤開創，是滿軍在17世紀上半葉擊敗漢族的關鍵因素之一，對滿族後來的軍事行動與統治成效也很有幫助。旗人系統的雛形最早是出現於1601年，當時，將領把所有滿軍士兵分成四連，每連300人，並以紅、白、藍、黃四種顏色來標示。隨著軍隊規模擴大，當局也在1615年新設四旗，主色與原先相同，只是加上紅色外框，至於本來的紅旗則是添加白色邊框。西元1635年，與滿族結盟的蒙古部落也設置了蒙古八旗，到了1642年，這個系統更進一步擴及漢族，並新設漢軍八旗。

這24旗底下共有數千名士兵，不過「旗」並不只是軍隊編制單位，也奠定了稅捐與徵兵等民政事務的架構。清代開國後仍沿用八旗制度，多數兵力集中於北京，但境內各地也有駐軍，以確保帝國安全。此外，大清王朝更首創綠營兵制度，將漢人組織成軍隊，並廣泛派至廣袤的國土各處擔任維護秩序的工作。

阿茲特克戰士的戰鬥裝束極為精緻多彩，當地人會以鹽水浸泡棉料，乾燥後絎縫處理，讓士兵穿在身上做為基本防護。

美洲

在16世紀以前，美洲住民一直都是部落社會，由定居或遊牧民族統治，且多半崇尚形式重於實質意義，但仍根深柢固的戰士守則。在北美與南美，部落戰爭都相當頻繁，不過規模不大，通常是著重突襲掠劫或俘虜戰犯，不會全盤殲滅敵軍，但偶爾也會有極度血腥的戰爭就是了。年輕男性只要不是奴隸階級出身，就幾乎都得在成年禮中證明自己能打獵、作戰，且戰鬥時也必須展現勇氣與無畏精神，才能贏得部落或族人的尊敬。當地的戰士主要使用弓箭、標槍、長矛、棍棒、斧頭與匕首，用於衝撞攻擊的武器則通常以木頭與多種石材製成（歐洲人抵達前，金屬武器在美洲並不常見），且頗具巧思。舉例來說，阿茲特克人（Aztec）的黑曜石木劍（maquahuitl）主體是形似船槳的沉重硬木，兩側則裝上打火石或黑曜石，如刀刃一般；防禦方面，除了功能基本但做工通常極度精美的盾牌外，有些部落也已開始穿著早期盔甲，是以附加內襯的獸皮、絎縫織物、木頭及獸角等材料所製成。

歐洲侵略者和開拓者在15至17世紀到來後，美洲部落的戰場發生了劇烈改變，而且對當地人而言，簡直就如天降之災。在克里斯多福‧哥倫布（Christopher Columbus）於1492年抵達探勘前，南美洲尚處於前哥倫布（Pre-Columbian）時代，由數個具高度文明的廣大戰士帝國統治，包括以當代墨西哥為主要據點的阿茲特克帝

黑曜石木劍的主體是形如船槳的硬木棒，邊緣鑲上黑曜石做為刀刃，藉以提升殺傷力。

CONQVISTA DE MEXICO POR CORTES. N 7

西班牙人於1521年圍攻特諾奇提特蘭時的浩大場面。此役以圖中的堤道為分界，雙方互有消長，但最後西軍仍在8月12至13日攻下了這座城市。

國；統治祕魯、智利多數區域及南美東部多處的印加帝國（Inca Empire）；還有掌管墨西哥及中美洲的馬雅人（Maya peoples）。這些帝國縱然都不容小覷，但在16世紀，西班牙殖民者卻確實讓南美住民見識到超乎想像的對手與武器。

阿茲特克帝國從1518年開始走下坡，這是因為那年11月，西班牙征服者埃爾南・科爾特斯（Hernán Cortés）帶著600人的小型部隊、17匹馬及10管加農砲，從墨西哥東南部的猶加敦半島（Yucatán Peninsula）登陸，並拉攏了反阿茲特克的特拉斯卡拉族（Tlaxcala），透過結盟來擴增軍力。阿茲特克帝國的蒙特蘇馬二世（Moctezuma II）眼見西班牙人信心滿滿又行跡詭異（本地人壓根兒沒見過馬和槍砲），一開始並沒有阻止他們進入首都特諾奇提特蘭（Tenochtitlán），但後來西軍明顯開始濫權，所以當地人也決定反叛，在「悲痛之夜」（西元1520年6月30至7月1日）於城內屠殺了數百名西班牙人。科爾特斯當時人在別處，但馬上集結了剩餘的370名士兵和特拉斯卡拉盟軍，在1520年7月7日於奧通巴（Otumba）重挫阿茲特克，騎兵持劍與騎槍

祭出最後一波攻擊後，敵軍部隊就此潰散。隔年，他又在5月13至8月14日間圍攻特諾奇提特蘭，而且此番還有更多反帝國的部落加入，陣容越發龐大。在這場圍城戰中，雙方輪番進攻、防禦，兵力消耗甚大，西班牙部隊會趁白天越過堤道進城，把視線所及的人全都殺光，然後在天黑前撤退。最後，阿茲特克終於在1521年8月放棄抵抗，大多數人也都死於飢荒、天花（由歐洲人傳入，導致美洲原住民銳減）及戰後的大屠殺。

另一方面，領軍征服印加帝國的是法蘭西斯克・皮薩羅（Francisco Pizarro）。他旗下的西軍只有150到200人，卻仍在1532年進攻印加皇帝阿塔瓦爾帕（Atahualpa）的統治基地卡哈馬卡（Cajamarca），乍看根本就是有勇無謀，畢竟帝國雖然才剛經歷內戰，又因天花的傳染而勢力大衰，但軍隊人數仍多達4萬左右。雙方剛碰頭時，皮薩羅和阿塔瓦爾帕客套地熱切相待，但西班牙部隊先禮後兵，於1532年11月16日突襲印加皇室，俘虜了阿塔瓦爾帕，還幾乎殺光他所有隨從。此舉對印加人而言如同晴天

在1532年的卡哈馬卡戰役中，印加帝國的皇帝阿塔瓦爾帕被西軍包圍後慘遭俘虜。這幅作品顯示西班牙的火力和機動性都占優勢。

美洲原住民戰士在1704年發動攻擊，放火焚燒麻州迪爾菲爾德（Deerfield）的屯墾區。在本土住民屠殺開拓者的事件中，最嚴重的一次發生於1622年的維吉尼亞殖民地（Colony of Virginia），共有347人身亡。

美洲原住民的戰斧（tomahawk），斧頭的材料為金屬，可見是在歐洲人抵達後才製成。

霹靂，西軍不費一兵一卒就拿下了帝國首都庫斯科（Cuzco），後來還成功鎮壓所有反叛行動。

到了16世紀末期，歐洲的殖民版圖才擴及北美，西班牙和英國人分別從佛羅里達和維吉尼亞登陸，屯墾地持續發展、增加，接著荷蘭與法國也開始在美洲墾殖。殖民行動在17世紀初始時，歐洲人與當地美洲部落想當然耳地爆發許多衝突，在東北部的林地尤其嚴重。舉例來說，波瓦坦聯盟（Powhatan Confederacy）的戰士曾於1622年3月22日橫掃維吉尼亞州詹姆斯河（James River）河口的英國屯墾地，殘殺許多開拓者。在1636年7月，又有一名歐洲商人在康乃狄克州被佩克特族（Pequot）戰士殺害，由於那個年代的人多半是以牙還牙、以眼還眼，所以開墾者組成的自衛隊也發動反擊，在同盟美洲原住民部落的支持下，殺光了米斯提克（Mystic）的所有佩克特族人，使這個部族就此消失。

米斯提克的殞落揭露了一個真相：17、18世紀的北美戰爭並不只存在於開墾者與原住民之間，其實拓荒者也經常與本土部落結盟，聯手對付共同敵人，譬如在易洛魁戰爭（Iroquois Wars）中，易洛魁聯盟（Iroquois Confederacy）的五大部族與敵對的休倫族（Huron）且戰且停地打了將近60年（西元1640至1698年），但同時也面臨法國部隊的威脅，且雙方都根據與敵軍交戰的經驗調整了作戰方式。舉例來說，法軍學會以小批人馬為單位發動突襲，美洲本土部落則積極採用槍械，更精通了騎馬打仗的技巧，能從馬背上以弓箭、長矛與棍棒發動攻擊。

歐洲戰場

　　西元1500至1750年間的歐洲戰史很難簡化說明，但從非常宏觀的角度來看，這些戰爭基本上都是起因於歐洲在政治及文化上的四大斷層：16世紀基督教改革後的新舊教對立；朝代更迭之爭（王位繼承問題最為嚴重）；領土爭奪與擴張；最後則是殖民帝國的早期對戰，有時戰場遠在天邊，甚至根本不在歐洲。事實上，這段時期的許多歐戰都混雜了上述的數個或所有因素，原本僅牽涉兩個政權的交戰也經常使盟軍及利益受到影響的國家一併捲入，導致戰場擴及全歐。由於仗打得激烈又頻繁，導致歐洲成了駭人的戰爭實驗室，經常在留名軍事史的偉大將軍帶領下，實現技術與戰略上的劇烈進步。

　　文藝復興時期的歐洲戰爭耗時驚人，譬如義大利戰爭（Italian Wars）就從1494打到1559年，起因是法王查理八世（西元1483至1498年在位）入侵義大利，企圖奪取王朝統治權，結果情況越演越烈，使得教宗儒略二世（Pope Julius II）在西元1511年集

西班牙將領貢薩洛·費爾南德斯·德·科爾多瓦在15世紀末至16世紀的義大利戰爭中，將策略與戰術發揮得淋漓盡致，因此素有「偉大的將軍」（El Gran Capitán）之稱。

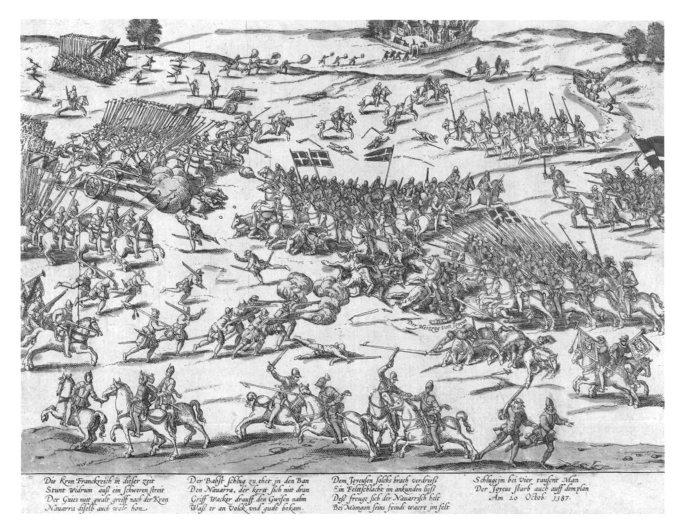

Die Kron Franckreich in dieser zeit
Stunt Widrum auß in schweren streit
Der Guies mit gwalt greiff nach der Kron
Nauarra diselb auch wolt hon.

Der Bahst schlug zu their in den Ban
Den Nauarra, der kert sich nit dran
Griff wacker drauff, den Gwisen nahm
Waß er an Volck vnd gudt bekam.

Dem Joyeusen solchs brach verdrieß
Deß freugt sich der Nauarrisch helt
Bei Momgon seins feinds waert jm selt

Schlugejm bei vier tausent Man
Der Joyeus starb auch auff dem plan
Am 20 Octob: 1587.

庫特拉戰役（Battle of Coutras）於1587年10月20日發生於法國西部，最後由納瓦拉國王亨利（Henry of Navarre）率領的新教胡格諾派（Huguenot）奪得血腥的勝利。

結眾家兵力（主要是義大利與西班牙部隊），組成「神聖聯盟」來與之抗衡，其中，西班牙指揮官貢薩洛‧費爾南德斯‧德‧科爾多瓦（Gonzalo Fernández de Córdoba）混用長柄槍兵與鉤槍兵，部署出強效軍陣，將創新戰略發揮得特別精彩，而這種陣列後來也在歐洲廣受仿效。這場曠日費時的戰爭中有幾場代表性戰役：西元1503年4月28日，科爾多瓦在切里尼奧拉（Cerignola）憑藉前述的兩種槍兵，擺平了有瑞士長槍雇傭兵支援的法軍；西元1512年4月11日，法軍則在拉溫納與西班牙以加農砲互轟，並於2小時後擊敗對手。義大利戰爭的結局和許多先例一樣，並不是在某一方奪得壓倒性的勝利後收場，而是因為疲憊厭戰的各國不斷妥協並簽訂條約才結束。

　　德國神學家馬丁‧路德（Martin Luther）於1517年發起宗教改革，一開始只是挑戰教會的某些做法，但後來也逐漸使歐洲分裂為新教與舊教，引發了新一代的衝突。當然啦，信仰並不是這些戰爭的唯一成因，畢竟基督教與帝國、政權和君主都多有牽連，政治意義深遠而複雜，不過也因為有宗教這個元素，參戰方往往得以打著捍衛真實信仰的大旗，行使各種殘暴與不人道之實。

西元16及17世紀的宗教戰爭相當複雜,在1560年代,法國陷入新舊教內戰,由皇室槓上信奉喀爾文(Calvinistic)思想的胡格諾教派,雖然是國內戰爭,但和當時的許多戰役一樣摻雜了國際元素:雙方都各自雇用外國傭兵,新教請來大批德國國王傭僕(Landsknechte,詳見獨立區塊的深入說明),以及有「黑騎兵」(Reiter)之稱的德國重裝騎兵,而舊教也有瑞士長槍兵壯大勢力(這些雇傭兵團大多處於對立狀態,一旦逮到敵對的傭兵,絕對不會手下留情);另一方面,外國政權也深深介入,英國、蘇格蘭和納瓦拉支持新教,西班牙和薩伏依則聲援舊教。

法國內戰的第一場大型戰役是在1562年12月19日發生於德勒(Dreux),後續又再打了好幾場,信奉新教的納瓦拉國王亨利(當時已受封為法王亨利四世)才在庫特拉(Coutras,1587年)、阿爾克(Arques,1589年)、伊夫里(Ivry,1590年)以及亞眠(Amiens,1597年)擊敗神聖聯盟。西元1598年的南特敕令(Edict of Nantes)

西元1588年,英國擊敗西班牙艦隊,因而廣受推崇,造就了英國史上的代表性勝利。那場戰役也是人類史上的第一場大型海上槍械戰,讓重型海軍加農砲的威力展露無疑。

⊙ 國王傭僕：德國傭兵

　　所謂的「國王傭僕」就是德國雇傭步兵，在15世紀末至17世紀初相當搶手，起初是由神聖羅馬皇帝馬克西米利安一世於1486年徵召而成，後來則因殺敵勇猛、表現專業而人數大增。國王傭僕多為長柄槍兵，但也會使用斧槍、名為「Zweihänder」的駭人雙手劍、鉤槍，以及德式鬥劍（Katzbalger，是一種標準化短劍）。國王傭僕作戰時通常會排成很深的方陣，前排由雙酬傭兵（Doppelsöldner）防衛。這些士兵自願在危險的前線殺敵，所以酬勞也是其他人的兩倍。有百餘年的時間，國王傭僕對神聖羅馬帝國而言是不可或缺的軍種，不過在17世紀之初，終究因技術與戰略的變革而不再受人重視。

長柄槍在歐洲歷史上曾是極為重要的武器，而且這樣的情況延續了1個多世紀之久。在這幅作品中，畫家小漢斯・霍爾拜因（Hans Holbein）描繪士兵集體以長柄槍攻敵的景況，困在中間的人想必會感到十分幽閉與恐怖。

結束了這場戰爭，但新舊教間的芥蒂並未因此消除，到了17世紀，法國再次陷入宗教戰爭，而且在敕令頒布時，估計已有多達300萬人死於暴行，以及因戰爭而起的疾病與飢荒。

　　歐洲的宗教戰爭並不只發生在法國，荷蘭在當地新教教派於1560年代反叛西班牙哈布斯堡王朝後，也陷入經年累月的衝突；而英國同樣槓上崇信天主教的西班牙，其中最具代表性的，就是西班牙國王費利佩二世（Philip II）率領艦隊（Spanish Armada）於1588年入侵英國的那場戰役，但當時英軍的海上戰力已開始崛起，因此在艾芬罕勳爵霍華德（Lord Howard of Effingham）及法蘭西斯‧德瑞克爵士（Sir Francis Drake）的帶領下，憑藉較強的槍械技術，於7月底擊敗戰船多達130艘的西軍艦隊，最後，倖存的西班牙士兵只得從北海撤退，還不敢直接穿越英吉利海峽，而是一路繞過蘇格蘭和愛爾蘭才返回母國。此外，惡劣的天氣與船上的疾病也都重挫西班牙部隊，使他們損失了約63艘軍艦；另一方面，英國則得以保全領土，免於遭受侵占的命運。歐洲的宗教之爭雖奪走數百萬條人命，但在這好鬥的時代，殺傷力

在1642年的第二次布萊登菲爾德戰役中，共有4萬5000多人踏入沙場，顯示17世紀的陸戰規模大有提升。

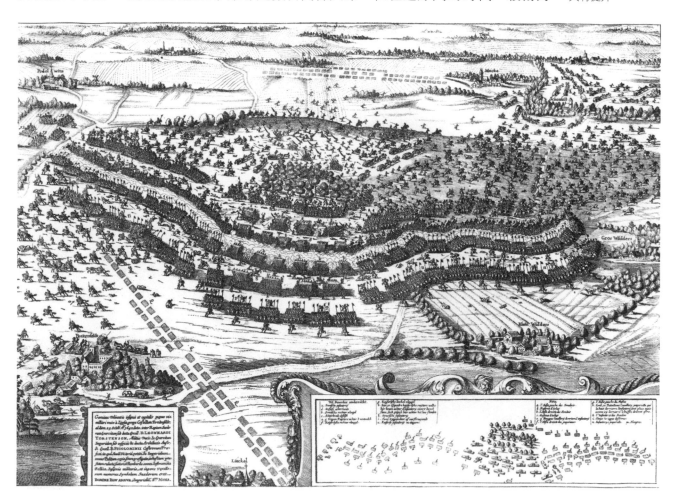

籠手劍出現於西元16世紀，可劈可刺，17、18世紀的重裝騎兵特別愛用。

最強的其實是從1618一路打到1648年的三十年戰爭，戰場幾乎擴及全歐，原因龐雜，綜含宗教、王朝與領土等各種因素，一開始是由於哈布斯堡王朝企圖鎮壓波希米亞（Bohemia）的新教勢力而開打，結果多數歐洲國家都捲入其中，死亡人數更估計有800萬之多。

三十年戰爭中的許多戰役規模驚人，是參戰國測試當代新式戰略與科技的競技場，如布萊登菲爾德戰役（Battle of First Breitenfeld，西元1631年9月17日）就是其中一例，由4萬2000人的瑞典與撒克遜聯軍對上3萬5000人的帝國戰隊，雙方激烈廝殺，打得不相上下，但最後仍由阿道夫奪下他生涯的代表性勝利。三十年戰爭的確替阿道夫鞏固了他在17世紀偉大軍事將領名人榜上的地位，可惜他後來死於1632年11月16日的呂岑會戰，雖以人生最後一場勝利作結，但也對新教造成很大的打擊。即使後來有另一名強悍的瑞典將領連納爾特·托爾斯騰森（Lennart Torstensson）崛起，成功在1642年11月12日的第二次布萊登菲爾德戰役中壓制帝國部隊，但瑞典軍仍於1634年9月在訥德林根（Nördlingen）被殲滅，而阿道夫的死無疑是主要原因。說到托爾斯騰森，他明明因關節炎跛腿，卻仍堅持要人用擔架把他抬到戰場各處發號施令，剛烈的性格可見一斑。

三十年戰爭於1648年以《西發里亞和約》（Peace of Westphalia）作結，哈布斯堡王朝式微，瑞典和法國則逐漸掌握歐洲大權。不過，即使這場大戰平息，也仍有其他許多戰爭正打得如火如荼或剛要開始延燒。

自1642年起，英國就深受嚴重內戰所苦，對戰雙方分別是效忠查理一世（Charles I，西元1625至1649年在位）的保皇派以及奧利佛·克倫威爾（Oliver Cromwell）率領的議會派。開戰的第一年幾乎都是保皇黨占上風，但隨著克倫威爾的部隊在兵力、士氣及管理方式上有所提升，議會派也逐漸取得優勢，並在1644年7月2日的馬斯頓荒原戰役（Battle of Marston Moor）中獲勝，控制了英國北部。在1645年6月14日的內茲比戰役中，議會派測試了當年1月才成立的新模範軍（New Model Army）。這支由托馬斯·費爾法克斯爵士（Sir Thomas Fairfax）率領的軍隊由傳統步兵組成，有組織又有紀律，而且指揮方式統一，和議會派原先的民兵及私人部隊相比大有進步。新模範軍和克倫威爾親自率領的鐵騎軍（Ironsides）有效地在內茲比擺平了保皇派的抵抗，而克倫威爾也於1648年8月17至19日驅逐入侵普雷斯頓（Preston）的蘇格蘭軍。查理

一世在1649年慘遭處決，保皇黨人沒了國王，在愛爾蘭及蘇格蘭都打得越來越辛苦，最後，經常以嚴酷手段對待平民的克倫威爾終究在伍斯特戰役（Battle of Worcester，1651年9月）中擺平了敵軍最後的反抗，建立聯邦（the Commonwealth），並於1653年自封護國公（Lord Protector），但實際上是施行獨裁統治。克倫威爾於西元1658過世，兩年後，英王查理二世（Charles II）便復辟成功。

　　若將眼光放遠至整個歐洲，1689至1750年間似乎有打不完的王朝與帝國戰爭，其中又有三場因規模與殺傷力特別大而聞名：首先是別稱奧格斯堡同盟戰爭（War of the League of Augsburg）的大同盟戰爭（War of the Grand Alliance，1689至1697年），由波旁王朝的法王路易十四（Bourbon French king Louis XIV）對戰以英國、尼德蘭聯省共和國（United Provinces of the Netherlands）及哈布斯堡王朝為首的廣大同盟；不久之後，西班牙王位繼承戰爭（Spanish War of Succession，1701至1714年）也跟著爆發。由於1700年剛過世的卡洛斯二世（西元1660至1685年在位）並無子嗣，所以該由誰繼承王位，各方爭論不休，英國、荷蘭和奧地利再次結盟與法國作對，而法軍則有西班牙支援；最後，奧地利王位繼承戰爭（War of the Austrian Succession，1740至

歷史重演活動所呈現的英國內戰。從中我們可以看出即使火藥武器已經發明，近身肉搏戰仍是決定勝負的重要因素。

1748年）也是三大歐戰之一，而且參戰兵力更多，之所以會引爆，是因為神聖羅馬帝國皇帝查理六世（Charles VI，西元1711至1740年在位）於1740年過世後，普魯士國王腓特烈二世（Frederick II，西元1740至1786年在位）馬上就趁機在同年入侵西利西亞（Silesia）。涉入其中的英法兩國也將戰線拉到北美，爭相拓展殖民地界線，使這場繼承戰的觸角擴及全球。除了以上三場大戰外，1700至1721年的大北方戰爭（Great Northern War）也很值得一提。這場仗在波羅的海地區開打，由瑞典國王卡爾十二世（Charles XII，西元1697至1718年在位）迎戰普魯士、俄羅斯、丹麥與挪威聯軍，以及撒克遜與波蘭聯軍。

這些戰爭的影響程度不一，但都改變了歐洲的政治版圖：法國於1750年鞏固在西歐大陸的霸主地位，但後來在1870至1871年的普法戰爭（Franco-Prussian War，詳見第4章）中敗給普魯士，所以勢力的拓張戛然而止；在遙遠的北歐，俄羅斯因贏得大北方戰爭而取得霸權，也從此開始介入歐洲事務，至於戰敗的瑞典則急走下坡，尤其是在戰士國王卡爾十二世1718年11月30日死於挪威的弗雷德克里斯塔戰役（Battle of Fredrikshald）後，又更加衰弱。

另一方面，這些戰爭也讓新一代的軍事將領有機會崛起，有些人英名遠播，有些則惡名昭彰。舉例來說，與卡爾十二世齊名的有法國元帥塔拉爾（Marshal Tallard），以及英國的第一代馬爾博羅公爵（Duke of Marlborough）約翰‧丘吉爾（John Churchill）。丘吉爾是英國最出色的軍事領袖之一，曾在布倫亨戰役（Battle of Blenheim，1704年8月13日）、拉米伊戰役（Battle of Ramillies，1706年5月23日）及馬爾普拉凱戰役（Battle of Malplaquet，1709年9月11日）分別擊敗塔拉爾、維勒魯瓦（Villeroi）及本領過人的維拉爾（Villars）等3名元帥。不過馬爾普拉凱一戰雖贏，英荷聯軍卻也因法國出色的火砲及燧發槍技術而付出慘重代價，共有5萬5000人傷亡。

西元17、18世紀著實改變了戰爭的本質，在當代的大環境之下，有些軍隊與將領卓然躍升，有些則黯然沒落。在下一章要討論的年代（西元1750至1914年），改變的齒輪將繼續轉動。雖然本章某些戰爭的規模與範圍極大，使得有些人認為1914至1918年的一戰並非人類史上的第一次世界級大戰，但在1750年後的160多年間，全球仍進入了全新紀元，我們現今所稱的「總體戰」也在這段時期誕生。

馬爾博羅公爵在1704年8月13日的布倫亨戰役中指揮作戰。他出色
的軍事生涯中有多場精彩勝利，讓法國與巴伐利亞聯軍慘吞敗果的
布倫亨戰役就是其中之一。

第 4 章

帝國與革命戰爭

一般所說的「工業化戰爭」，是始於 1750 年前後到 1914 年（第一次世界大戰爆發）間的這段時期，前 100 年的作戰策略是逐步而漸進地改變，但也不乏極度重要的變革，尤其是在法國大革命戰爭（Revolutionary Wars）和拿破崙戰爭（Napoleonic Wars）期間；不過在 1850 年後，武器科技接二連三地大幅躍進，則徹底改變了戰場的面貌。

英國的騎砲兵在豐特斯德奧尼奧羅戰役（Battle of Fuentes de Oñoro）中衝鋒陷陣。這場戰役是半島戰爭（Peninsular War）許多大型對戰的其中一場，對拿破崙率領的法國軍造成了嚴重的精力與資源耗損。

戰爭發展至1750年，作戰模式已大致有一套詳細規則可遵循，在陸路方面，任何成功的現代政權，都該要有規模及預算龐大的專業常備軍來擔任防衛主力，且軍中應有步兵、砲兵與騎兵這3個核心兵種：騎兵必須快速而果斷地執行戰術，步兵與砲兵則負責絕大部分的消耗戰。如何在戰場上部署及調度士兵是戰略制定的重點，譬如該讓步兵排成橫列或縱列，又該在怎樣的時機採行這兩種做法，眾家看法不盡相同。想到縱列，各位心裡可能會浮現出進攻路線彎曲如蛇的細長隊伍，但其實這種陣隊可以很寬，寬度甚至大於長度，光是前排就有數十人鎮守。不過相較之下，橫列陣線在前線部署的士兵仍遠多於此，最長可延伸至數百公尺，而深度有時就只有兩排而已。

每種陣列都有優缺，橫列編隊的好處在於可以盡量把燧發槍火力集中在前方，且隊伍長使敵軍不易翻轉陣列方向，更有助減少傷亡，畢竟加農砲即使擊中單行的步兵，最多大概也只會打死2、3人，換做是有縱深的排法，砲火就會如彈珠般竄入軍陣，傷及許多士兵；不過，橫列編隊的缺點在於行進時很難控制，如果遇上崎嶇不平

西元1781年，美國大陸軍（American Continental Army）在維吉尼亞州的約克鎮（Yorktown）擊敗英軍，圖為記念該場戰役225週年的歷史重演活動，參加者正在模擬當時燧發槍齊射的手法。

的地形又更艱困，且容易受騎兵攻擊。為了防範騎兵出沒，橫列軍必須十分靈巧，能快速轉換成中空方陣，且四面的步兵都要將燧發槍與刺刀指向外側，騎兵幾乎無法衝破，不過砲兵攻擊起來倒很容易就是了。

相較之下，縱列編隊的優勢在於速度快，且能集中軍力，就像攻城用的撞車一樣，可以瞄準敵軍的漏洞猛攻。縱列即使行至難走的地形，仍比較容易控制，而且能靈活地轉彎、改變方向，不像橫列編隊必須進行各種複雜的定向程序；此外，縱隊的大量士兵排列緊密、陣容堅實，較能抵禦騎兵的突襲。話雖如此，這種編隊也不是沒有缺點。由於前排較窄，無法一次架出太多燧發槍，火力會因而減弱，譬如在拿破崙戰爭中，某營雖有720人，卻因採縱列編制而只有240人能開槍；另一方面，縱隊也很容易成為砲兵的標靶，在當時那槍砲為王的年代，這個弱點非同小可。

究竟該用縱列、橫列還是方陣的戰略決策會受到許多因素影響，包括距離間隔、軍陣之間的線性與角度關係、騎兵與砲兵的位置、地形的狀況與特性，以及軍隊的規模等等。值得一提的是，這幾種陣隊都可以擴展至相當驚人的規模，譬如在1809年7月的瓦格拉姆戰役（Battle of Wagram），法國元帥雅克‧麥克唐納（Jacques MacDonald，他父親來自蘇格蘭西部，所以才會是這個姓氏）就部署了多達8000人的縱列，共派出3個師的步兵，相當於23個軍營的人數；此外，排法並不是只能選擇

聯邦軍（Union Army）步兵在美國南北戰爭（American Civil War）期間練習排列中空方陣。這種陣列是以全方位防禦為目的，可抵擋敵軍騎兵與步兵的攻擊。

在戰地電話與無線通訊的時代開始前，樂器是戰場上的重要傳訊工具。這張照片攝於美國南北戰爭後期，是第78號有色人種步兵軍團（78th Colored Troops Infantry）中一名負責打鼓的非裔美籍男孩。

一種，拿破崙等大師級戰略家都會在戰場上混用橫列與縱列，且效果卓著，我們後續會再詳加說明。

各位應該可以想見，在那還沒有無線電的時代，軍隊的指揮與管控是極為艱困的挑戰，得靠旗幟以及鼓、笛子等樂器來打信號，而且相當依賴標準化的視覺元素和預先商定的指令，更少不了帶著總指揮官命令倉促抵達戰場的信使。理想而言，總司令最好能位居高處，才能擁有良好視野，但沙場上經常煙硝瀰漫（燧發槍和加農砲的黑色火藥可將能見度降至數公尺），再加上聲音嘈雜、情況混亂，所以戰略通常很難靈活施行，而這也是部隊採用制式化軍陣的原因。

這段時期的軍隊還有兩個重要特徵（至少可說是努力目標），那就是專業與紀律。許多人開始以從軍為職，讓賢才擔任領袖的風氣也逐漸流行，只不過各國改變的步調與時期不盡相同。舉例來說，拿破崙手下的多數將領都是因軍功過人才晉升元帥，所以他才會有這句名言：「每個法國士兵的背包裡都應該放元帥的權杖」（Every French soldier carries a marshal's baton in his knapsack），意思是所有人都有機會升官，心中都該思考戰爭全局。兵源方面則是徵募並行，以組成大規模軍隊，不過位階在軍官以下的士兵通常來自社會底層，要改造這些平民，使他們成為精良有效率的戰力，並在戰火延燒時還能堅守軍陣，通常都得透過殘酷手段樹立紀律。無論是陸軍還是海軍，都有輕重不一的懲罰律令，以達到恫嚇效果，避免士兵違反規定，從輕微的勞役到鞭刑、處決都有。此外，打仗時可能重傷、慘死，再加上伙食不佳、衛生條件惡劣及傳染性疾病（因病而死的經常要比戰死沙場的還多），我們可以想見出征的日子應該很不輕鬆，大概也只有當代那些已習慣動心忍性的剛毅士兵才有辦法忍耐了。

⊙ 大砲的彈藥類型

在後膛步槍及爆破彈技術於19世紀下半葉才開始發展前，加農砲的彈藥主要可分為以下數個類型：

圓球形砲彈：最常見的種類，基本上就是經典實心彈，可擊破牆壁和防禦設施等無機目標，也可攻擊人類。在步兵戰中，圓球形砲彈通常會發射至步兵前方的地面，這樣才會沿弧線低空飛入密集的軍陣當中，造成破壞。換做是海戰，砲彈射出前有時會先將之點燃，這樣嵌入敵方軍艦後就能引發火勢。

散彈筒：可想成放大版的散彈，呈圓筒狀，以很薄的鋼鐵片製成，裡頭裝滿直徑0.25公分的小鐵球，並以木屑填補空隙。發射時，炸藥會引爆圓筒，讓鐵球橫飛，射程遠、破壞性也強，專門用於攻擊人類。

葡萄彈：葡萄彈的運作機制和散彈筒類似，圓球形彈藥須依照特定的幾何規則置入帆布袋中，這樣開火時才比較能預測彈藥的飛射方向。葡萄彈在海戰中特別實用，能有效破壞船桅、船帆及海軍設備。

爆破彈：在高爆彈的時代降臨前，中空的圓球形砲彈內會填入火藥及榴散彈，並裝設導火線，線長依希望引爆的時間而定。發射時，推進式炸藥會將線點燃，使砲彈引爆，而裡頭的榴散彈也會飛射到四周，造成致命威脅。

海戰中還會使用其他類型的彈藥，如桿彈及鏈彈，分別是在實心棍棒和鎖鏈兩頭裝上圓球或重物，之所以這麼設計，是為了截斷船桅、割破船帆。

12磅加農砲的散彈筒，內有37顆鑄鐵彈，能對敵軍造成散彈槍攻擊般的致命傷害。

七年戰爭

七年戰爭（Seven Years' War）有「第一次世界級戰爭」之稱，這麼說的不是別人，正是英國首相溫斯頓・邱吉爾（Winston Churchill），他之所以會這麼認為，也不是沒有道理：七年戰爭從1756打到1763年，戰場廣及歐洲、美洲、西非、印度和菲律賓，歐洲列強幾乎都捲入其中，更有其他許多地區的士兵參戰。

從許多層面來看，七年戰爭其實只是統稱，當中的戰役大體上彼此獨立，但參戰國家重疊，再加上有國際海戰，所以算是互有關聯。北美地區的七年戰爭在當地多稱為英法北美戰爭（French and Indian War），在18世紀中葉，法國掌控加拿大的多數區域（稱為「New France」，意為「新法蘭西」），至於後來變成美國領土的沿海地帶則由大英帝國控制，名為「北美十三州」（Thirteen Colonies）。歐洲雙雄的摩擦，以及為了殖民而與當地原住民產生的衝突，都是長期難以解決的問題，因此邊疆地帶氣氛緊張、箭在弦上，兩國也於1754年在現今的匹茲堡真正開打，一開始只有一些小規模衝突，結果情況越演越烈，演變成全面開戰。值得一提的是，起初指揮作戰的正是喬治・華盛頓（George Washington），當時年僅22歲的他後來在美國獨立戰爭（American Independence War）中領導革命軍，又成為美國首任總統，不過在1754年，他還只是維吉尼亞民兵的委任軍官而已。隨著戰情加溫，上級也指派他擔任將軍愛德華・布雷多克（Edward Braddock）的副官，而布雷多克才是英國在北美的總指揮官。

一開始，英軍屈居劣勢，最羞恥的一戰莫過於西元1755年7月的莫農加希拉河（Monongahela River）之役，想攻下法軍掌控的杜肯堡壘（Fort Duquesne），結果卻以大敗收場。西元1756年，英國正式向法軍宣戰，並於1757年開始幫助普魯士在歐洲攻打法軍，新首相威廉・皮特（William Pitt）也在北美投入大量軍力與資源，更提供資金讓北美殖民地能招募士兵。

西元1812年，拿破崙從莫斯科撤退，雖然他本人熬過了返回母國的漫漫長路，但他常備部隊中的多數士兵都因無法耐受零度以下的嚴寒天候，而痛苦不堪地死去。

普魯士腓特烈大帝的肖像。他除了是18世紀的重要將領外，文化素養也相當深厚，對藝術的心思和對戰爭、外交事務一樣敏銳。

在英法北美戰爭之初擔任北美十三州總司令的將軍愛德華．布雷多克。他後來被燧發槍射中胸部，於1755年戰死沙場。

　　他對北美的投資並沒有浪費，西元1758年，重振後的英國與殖民地軍隊在路易斯堡壘（Louisbourg）、芳堤娜堡壘（Fort Frontenac）及杜肯堡壘節節獲勝，不過最精彩的一役，是由將軍詹姆斯．沃爾夫（James Wolfe）帶領8000人部隊，於1759年9月登上50公尺高的亞伯拉罕平原（Heights of Abraham），發動出人意料的夜襲攻下魁北克，而蒙特婁也在1760年淪陷，嚴重削弱了法國在北美的勢力。

　　場景越過大西洋來到歐洲，就許多層面而言，歐陸的七年戰爭可視為奧地利王位繼承戰爭的延續，是為了爭奪西利西亞而開打。根據《愛克斯．拉夏貝爾和約》（Treaty of Aix-La-Chapelle），西利西亞歸普魯士的腓特烈大帝（Frederick the Great）所有，但他在1756年8月舉軍入侵撒克遜，導致法國、奧地利、俄羅斯及其他數國都與普魯士為敵，支持普軍的只有英國。

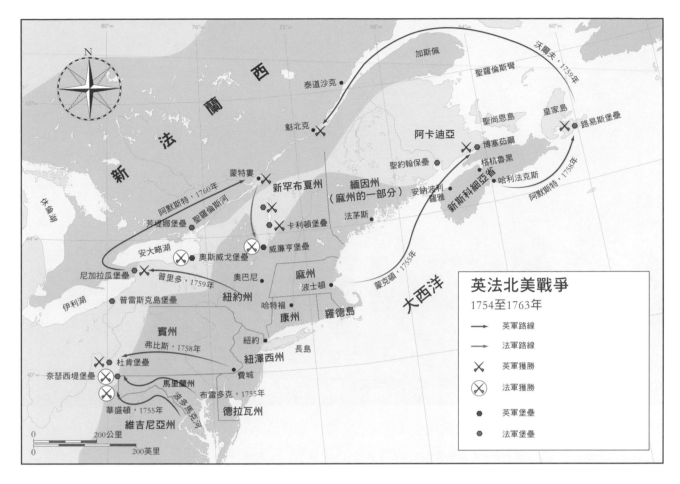

英法北美戰爭中的
重要移動路線與戰
役。英國獲勝後，
在北美東北地區的
霸權就此確立。

戰爭初期，普魯士打得相當辛苦，腓特烈大帝雖攻下萊比錫（Leipzig）和德勒斯登（Dresden），並在波希米亞圍攻布拉格，但在1757年6月於科林（Kolín）碰上奧地利增援軍時卻首度遭遇重挫，被迫中斷圍城行動，當年7月30日，又在大耶格爾斯多夫（Gross-Jägersdorf）敗給俄羅斯。不過，接連而來的便是數場重要勝利：11月5日，僅2萬1千人的普魯士部隊於羅斯巴赫（Rossbach）擊退多達4萬1千人的法奧聯軍，由於軍隊火力和腓特烈的戰術都讓敵軍望塵莫及，所以普軍在90分鐘內便輕鬆完勝，傷亡人數也只有548人，遠低於對手的10150人；僅一個月後，奧地利又於12月6日在西利西亞的洛伊滕（Leuthen）被普魯士打得體無完膚，只得撤回波希米亞；1759年8月1日，布倫瑞克王子斐迪南（Prince Ferdinand of Brunswick）率領英國與漢諾威（Hanoverian）聯軍出征明登（Minden），讓機動式砲兵在步兵出擊時集中火力猛轟，攻破了法軍在該鎮的防線。雖然腓特烈和盟軍後來陷入不少苦戰與挫敗，普軍也折損了大量兵力，但盎格魯與普魯士聯軍仍成功擊敗敵軍陣營。

在西元1757年11月的羅斯巴赫會戰中，腓特烈大帝領軍的普魯士部隊只耗費不到2小時，就閃電式地擊敗了奧地利。

七年戰爭的戰線遍及全球，在海戰方面尤其如此。舉例來說，愛德華·霍克爵士（Sir Edward Hawke）在1759年11月20日帶領皇家海軍分艦隊，於法國南部外海的基伯龍灣（Quiberon Bay）擊敗正要集合出軍英國的法軍入侵部隊，當天海象惡劣，8艘法國軍艦不是沉船就是遭俘；鏡頭轉到遠在天邊的印度，英國常備軍以及東印度公司（East India Company）的部隊也在孟加拉地區（Bengal）的普拉西（Plassey），以3000兵力擊敗了當地納瓦卜（Nawab，地方行政長官的頭銜）帶領的5萬5千人大軍，而且敵軍陣容中還包含佩有50把槍的法國砲兵。英軍之所以能獲勝，一方面得歸功於將領克萊芙（Clive）戰略高強，一方面也是因為納瓦卜麾下的許多軍官都已暗中變節，效忠英方。英國贏得這場戰役後，鞏固了在孟加拉的地位，不到百年後更統治了印度全境。

西元1763年2月，參戰國簽訂兩項條約，結束了七年戰爭。法國在密西西比河以東的北美領地全數由英國接管，歐洲大陸則又回到1748年的狀態。不過這場戰爭最重要的影響，是促成了海陸雙雄的崛起：英國成為全球最強的海上勢力，陸路方面則是普魯士無敵。

美國獨立戰爭

英軍贏得七年戰爭後信心滿滿，但美國獨立戰爭（西元1775至1783年）就像一記當頭棒喝，將得意洋洋的英國給打醒了。戰爭於1775年爆發時，北美殖民地人口已達400萬，許多人對遙遠母國所施加的稅捐及各項義務感到憤恨不滿，暴亂與示威行動隨之興起，如波士頓茶黨（Boston Tea Party）在1773年12月將英國壟斷的茶葉倒入海中，迫使英軍以軍事手段鎮壓。英國總指揮官湯馬士・蓋奇（Thomas Gage）在1775年4月對麻州米德爾塞克斯郡（Middlesex County）發動突擊，企圖沒收武器與火藥，結果卻意外在列星頓（Lexington）及康科特（Concord）被反叛軍擊敗。後來，英軍在波士頓附近的布里德山（Breed's Hill）及邦克山（Bunker Hill）戰勝，但死傷慘重，付出了高昂的代價，而且也只換來片刻喘息，1776年3月就被迫從海路撤離。眼見情勢危急，英國決定大量增援，加強鎮壓，3萬援兵由新的美洲總指揮威廉・何奧（William Howe）將軍在1776年9月領軍從紐約登陸，隨後也拿下紐約市與費城。這時，反叛勢力已組成大陸軍，而軍隊領袖正是喬治・華盛頓。

說到美國獨立戰爭，有些觀念我們必須澄清。首先，這場大戰摻雜了內戰與殖民戰爭，並不全然只是「美國單挑英國」而已。許多忠誠的美洲民兵為英國出戰，原住民則是英美兩派都有，甚至也不乏第三方國家涉入其中：英國有1萬6000名德國黑森傭兵（Hessians）支援，反叛軍中也有少數德國士兵。獨立戰爭中有一場重要戰役，是將軍約翰・伯格因（John Burgoyne）在1777年9至10月帶領英國主力部隊從加拿大南侵，希望能擋下新英格蘭的反抗軍，但死傷人數卻越來越多，最後在10月17日被迫向美洲軍投降。英國此次戰敗後，戰局就此扭轉，主要是因為法國、西班牙和荷蘭開始支持美國的獨立行動，並提供了強力的海路支援。美國獨立戰爭的海上戰線拉得很遠，剛成立的大陸海軍（Continental Navy）力搏皇家艦隊，雙方甚至一路打到英國沿岸，於1779年9月在北海交戰。

關於這場戰爭，許多人還有另一個迷思，認為美軍主要是打非傳統的「游擊戰」，以狙擊、操弄與小規模前哨戰讓英國紅衫軍難以招架。

照片攝於維吉尼亞國家殖民歷史公園（Colonial National Historical Park），是殖民時代用於約克鎮戰場的火砲。前方為兩門大管徑迫擊砲，這種大砲的射程通常落在640至1280公尺之間。

西元1759年11月20日，英
法兩國的風帆戰艦在基
伯龍灣從船舷開火，一
決高下。藝術家忠實地
畫出了船帆被加農砲射
中後坑坑巴巴的模樣。

帶有火帽的美國「肯塔基長步槍」（Kentucky Rifle），源自1850年前後。若裝填優質彈藥，並由精良的槍手操作，可精準射中幾百碼遠的目標。

這樣的看法並不全然錯誤，在許多戰役及行動中，美方確實採用了開放而彈性的戰略，將敵軍消耗殆盡，譬如在1781年1月17日的考彭斯戰役（Battle of Cowpens）中，大約2000名美洲士兵就在准將丹尼爾·摩根（Daniel Morgan）的帶領下，雙面夾擊由上將伯納斯特·塔爾頓爵士（Sir Banastre Tarleton）領軍的千人英國部隊。美方軍隊中有500名優良的狙擊手，擅用線膛火槍，準確度極高，素有「摩根的神槍手」（Morgan's Riflemen）之稱。這批槍手與其他兵種合力攻破敵軍陣隊，更特意以軍官為攻擊目標，最後僅200名英軍順利逃脫。話雖如此，由於華盛頓與旗下的指揮官希望軍隊能熟悉專業化的作戰模式，因此美方也以傳統戰術打了不少戰役，不過資助大陸軍的許多單位都是當地的私人民兵組織，素質不一，能提供的資源也有落差，所以在武器、火藥、資金、糧食、衣物及醫療不足的情況下，這些仗打得並不輕鬆。

約克鎮圍城戰的地圖，我們可從中看出法軍與美軍把約克鎮包圍得多麼徹底。

西元1780年起，英軍開始將主戰場轉移至北美中南部，與大陸軍各有勝負，但大體來看，美方戰力比較持久，英國對殖民地的控制則越來越弱。後來在1781年秋天，英方駐守約克鎮（維吉尼亞州港口城鎮）的部隊被美法聯軍從陸路圍困，法國艦隊又從海上攻來。由於防禦空間遭到壓縮，敵軍的砲火猛烈不止，在眼前無望的情況下，約克鎮指揮官查爾斯·康沃利斯（Charles Cornwallis）將軍只得在10月19日率領軍隊向華盛頓投降。

在心理和實質層面上，此次的失利都大傷英軍元氣，也預示了英國以戰敗收場的命運。在1783年，美國獨立戰爭隨著《巴黎條約》（Treaty of Paris）的簽訂結束，雖然《獨立宣言》（Declaration of Independence）在1776年7月4日就已簽署，不過要到戰爭結束的那一刻，美國才算真正晉升為自由的主權國家。

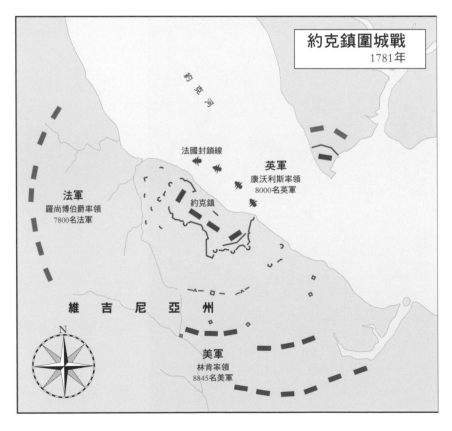

約克鎮圍城戰
1781年

約克河

法國封鎖線

英軍
康沃利斯率領
8000名英軍

約克鎮

法軍
羅尚博伯爵率領
7800名法軍

維 吉 尼 亞 州

N

美軍
林肯率領
8845名美軍

法國大革命戰爭與拿破崙戰爭

　　法國大革命（French Revolution）於1789年爆發後，引致一連串的事件，不僅徹底改變法國與全歐的政治版圖，也重塑國際戰爭的核心模式，而且更時勢造英雄，給了拿破崙‧波拿巴（Napoleon Bonaparte）展露頭角的舞台，讓他成為軍事史上最偉大的將領，十餘年間在歐陸戰場幾乎所向無敵，直到1812至1815年才接連慘敗。在本節中，我們會概略介紹法國大革命戰爭及拿破崙戰爭，並探討法軍是如何憑藉策略與戰術擊敗眾多敵人，長期稱霸歐洲。

　　西元1789年的法國大革命推翻了君主與貴族制度，雖然本質上屬國內事件，但連鎖效應卻震撼全歐。歐洲各國擔心反君主的風氣延燒，因此決定反制法國，而法方也在1792年4月向奧地利及普魯士宣戰。當時的革命軍組織混亂（許多軍官其實都是貴族出身，且當中已有不少人陣亡），但規模龐大、動力十足，又有精良的砲兵部隊，所以成功在1792年9月20日的瓦爾密戰役（Battle of Valmy）中擊敗普魯士。不久後，法國便開始採行共和政體（看在其他歐洲國家的統治者眼裡，又是一道可恥的政治決策），法王路易十六（Louis XVI）也在1793年1月慘遭處決。

　　這些事件引爆了第一次反法同盟戰爭（War of the First Coalition），德國、奧地利、普魯士、大英帝國、西班牙、葡萄牙、荷蘭、薩丁尼亞、拿坡里（Naples）及義大利的諸多王國都聯合起來對抗法國。反法同盟戰爭在1793至1813年間共有6次，盟軍的組成不盡相同，但法軍在戰場上幾乎是所向披靡，勝利無數，敗績則少得不成比例。

　　西元1793年，法國公共安全委員會（Committee of Public Safety）宣布大規模徵兵（levée en masse），要徵召大量公民組成業餘軍隊。這種全民皆兵、皆有責任保家衛國的概念塑造出全新作戰模式，徵兵法明令規定：「年輕男性應作戰；已婚男性應製造武器及運送軍需；女性應製作帳篷與衣物，並於醫院服務；孩童應將舊亞麻布製成繃帶；年長者則應至公共廣場對士兵發表演說、激勵軍心，鼓吹大眾憎恨國王，並聲明共和國的統一。」在這樣的理念架構下，所有社會資源都必須投入戰爭，

法國人民在軍隊於1793年大量徵兵時申請入伍。法軍志願兵大幅增加，使歐洲列強深感威脅。

以利國家取勝，基本上就等同於總體戰。後來，有「勝利謀劃家」（Organizer of Victory）美稱的拉扎爾·尼古拉·卡諾（Lazare Nicolas Carnot）實施改革，原本難以管控的平民軍逐漸成形，也培養出紀律與行政效率，再加上士氣高昂、將領優秀，便成了戰場常勝軍。

法軍之所以能節節致勝，雖也得歸功於路易·尼古拉·達武（Louis-Nicolas Davout）、讓·拉納（Jean Lannes）和尼古拉·蘇爾特（Nicolas Soult）等指揮有方的重要元帥，但若要說是誰讓法國成為一度獨霸全歐的超級軍事強權，最大功臣仍是拿破崙。

法國中將讓·巴蒂斯特·瓦凱特·德·格里博瓦爾（Jean-Baptiste Vaquette de Gribeauval）的肖像。他在18世紀進行合理化改革，引進新式火砲製法與標準化種類，改善了法軍的槍砲系統。

拿破崙於1769年出生於科西嘉島，在法國接受軍事教育，專精火砲之術，於1795年成功鎮壓巴黎的街頭叛亂，1796至1797年又以義大利軍團指揮官的身分，領軍在當地奪下一連串的精彩勝利，向法國新政權證明了自身價值。在那之後，他氣勢如虹地繼續揮師埃及，率領遠征軍對抗英國部隊，而且很快就拿下亞歷山卓和開羅。西元1798年8月，海軍上將霍雷肖·納爾遜（Horatio Nelson）在阿布吉爾灣（Aboukir Bay）的尼羅河河口海戰（Battle of the Nile）中擊敗法國入侵艦隊，使法方陸軍受困北非，難以施展，結果拿破崙竟於1799年8月溜回法國，發動政變，奪得政治大權，成為第一執政（First Consul）。由於他充分展現軍事才幹，面對法國的全新政治型態，也精明地治理得服服貼貼，所以在1802年取得終身執政（Consul for Life）的地位，1804年又再獲封「法國人的皇帝」（Emperor of France）。就這樣，法國從共和政體走上了獨裁之路。

拿破崙一輩子的事蹟與出征行動很難概略說明，但以下數據應該有助各位瞭解他的軍事本領究竟有多高強：他一生親自領軍參戰70多場，與歐洲的數大強權抗衡，總共只輸了8場，其餘全贏，不過有幾場敗仗的殺傷力很大。他最著名的戰役發生在馬倫哥（Marengo，1800年）、奧斯特里茲（Austerlitz，1805年）、耶拿（Jena，1806年）、瓦格拉姆（1809年）及博羅金諾（Borodino，1812年）等地，衝突規模多半很大，以發生在維也納東北方的瓦格拉姆戰役為例，法國與奧地利共派出25萬兵力，而且才打了2天（7月5至6日），就導致多達8萬人喪命。

第一次反法同盟戰爭中的瓦爾密之戰發生於1792年9月20日，是法國革命軍首度在重大戰役中擊退外國勢力。

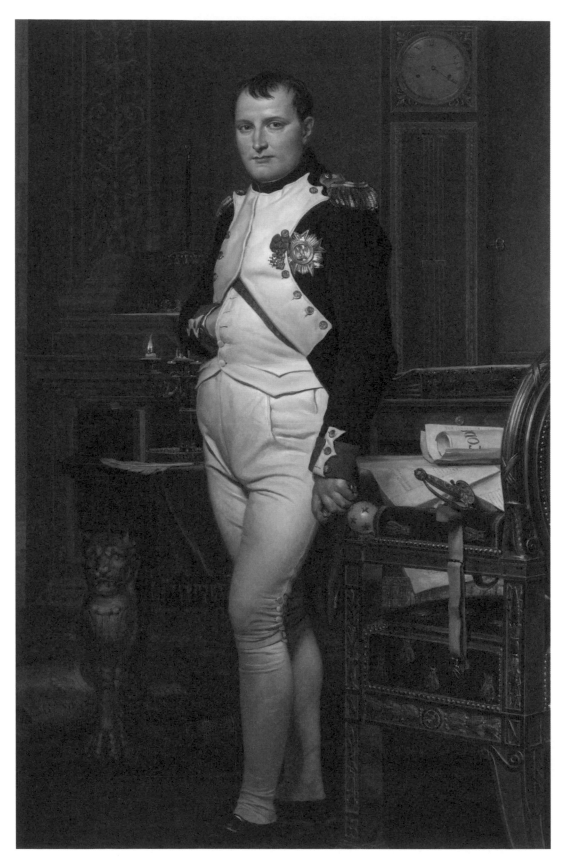

拿破崙的肖像。作品中的他顯得很年輕，而他本人的確也少壯得志，年僅34歲就獲封為「法國人的皇帝」。

拿破崙之所以能橫掃沙場，原因有幾個。以個人特質而言，他企圖心強又有智慧，喜歡採取迅捷的侵略式打法，即使是長征行動，也經常領軍如閃電般推進，讓敵軍措手不及，藉以取得戰略優勢；他擅於觀察敵方戰線的弱點，也深知在恰當時機部署步兵與騎兵的祕訣，且擅用創新的混合型軍陣（ordre mixte），讓部隊交替排成橫列與縱列，以兼顧火力和機動性，效果相當理想。士兵必須以師為單位，按特定規則排列，以方陣隊伍（bataillon carré）的型態移動，保持靈活，這樣長官一聲令下，即可馬上轉向、移動，要朝任何方向進攻都不成問題；法軍精良的砲兵團同樣是拿破崙的優勢之一，而且他本身就是火砲專家，技術方面的知識深厚，知道該如何有效指揮；此外，他記性過人，所以在物流供應上也運籌帷幄，不過法軍出征時所需的資源，多半都是士兵從附近地區搶來的。

西元1796至1797年出征義大利的行動，讓拿破崙真正建立起軍事威望。圖為勝場無數的他在1797年再度告捷後，接受戰犯投降的畫面。

拿破崙雖雄才大略，卻也不是真的所向無敵；他會犯錯、會落居下風，也曾戰敗。西元1809年5月的阿斯珀恩-埃斯靈戰役（Battle of Aspern-Essling），是他生涯首次在陸戰中慘敗；他在1807至1814年出征伊比利半島時遭遇游擊戰攻擊，且帶領盎格魯與葡萄牙聯軍的又是才智過人的威靈頓公爵（Duke of Wellington）阿瑟‧韋爾斯利爵士（Sir Arthur Wellesley），所以在法國軍事史中，那場戰役始終是極為不堪的一頁；此外，因為有自信滿滿的英國皇家海軍阻擋，法國也始終無法稱霸海洋。

　　在1812年6月，拿破崙發動了一場災難性的入侵行動，帶領60萬大軍遠征俄羅斯，雖然成功抵達莫斯科，並在途中的博羅金諾戰役中擊敗俄軍，但在他到達時，整座城幾乎已經空無一人，且毫無物資可用，後來更在大火中燃燒殆盡。拿破崙疲憊不堪的軍隊因而被迫西撤數百公里，不僅得忍受俄國冬天零度以下的嚴寒氣候，還必須防備俄軍不時發動的突襲，所以最後只有2萬人成功抵達目的地。由於兵力嚴重減損，部隊在後來的萊比錫戰役（Battle of Leipzig，1813年10月16至19日）中也敗下陣來。在第一次世界大戰前，此役是歐洲規模最大的戰爭，拿破崙敗北後帝位被廢，更在1814年4月被流放到義大利的厄爾巴島（Elba）。

不過他並未就此罷休。西元1815年，拿破崙在護衛陪同下從厄爾巴島逃回法國，復辟稱帝，並將效忠他的人馬集結成軍，成功重返世界舞台。然而，分別由威靈頓公爵和陸軍元帥格布哈德‧列博萊希特‧馮‧布呂歇爾（Gebhard Leberecht von Blücher）指揮的盎格魯與普魯士聯軍猛烈追擊，在1815年6月18日的滑鐵盧戰役（Battle of Waterloo）中將他狠狠擊潰。這回，拿破崙被關到南大西洋的聖赫勒拿島（St. Helena），並在1821年死於獄中，再也無法捲土重來。

鋼鐵、蒸汽與火藥

西元19世紀不僅是拿破崙戰爭的年代，也見證了作戰方式的週期性躍進再次發生，其中技術及武器領域改變最大，並間接對戰術與策略概念產生了重要影響，而最重要的變革當屬槍砲的演進。燧發槍在前兩個世紀雖能滿足軍隊需求，卻也逐漸開始顯得過時且限制重重，所以自1820年起，槍械設計從根本上歷經了一連串的技術改革。首先，火帽於1814年前後出現，它是帽狀的金屬容器，裡頭置有化學合成物，受撞擊後就會引燃，失敗機率遠低於原本用於步兵槍械的打火石，打火石因此被取而代之。必須一提的是，這類發明通常需經過相當長的時間，才能廣泛地實際應用，而軍隊在製造、購買新武器時的數量又很大，還得投入資金訓練士兵，所以前置期特別長。西元1836年，美國的塞繆爾‧柯特（Samuel Colt）發明出火帽式轉輪手槍並取得專利，士兵只要持一把武器，就能按5次扳機，快速發射5枚子彈；1846年，法國的克洛德-艾蒂安‧米尼耶（Claude-Etienne Minié）則製造出米尼彈，可搭配線膛火槍使用。

膛線是鍛刻在槍膛內的螺旋狀凹槽，可對子彈產生陀螺儀效應，穩定彈道，和滑膛槍相比，準確度大有進步。其實線膛武器早在幾世紀前就已出現，但因為子彈必須卡得很緊，發射時才能確實嵌在膛線上，裝填起來難免耗時，所以比滑膛槍來得稀少，不過後來問世的米尼彈解決了這

威廉‧薩德勒（William Sadler）這幅壯觀的作品，呈現出滑鐵盧戰役（1815年6月18日）如火如荼的場面。步兵軍陣排列緊密，火砲若朝他們一射，殺傷力會極為驚人。

恩菲爾德1853型（1853 Pattern Enfield）膛線火槍。這類武器出現時，從槍口填子彈的時代已進入尾聲，後來，後膛式武器就逐漸取而代之了。

個問題。這種子彈經特殊設計，可輕易塞入槍管，發射時底部才會膨脹並卡入膛線。米尼彈發明後（其實是集結前人技術製造而成，並非原創），線膛火槍在戰場上越來越常見，後來也在19世紀後半葉徹底取代了滑膛式武器。

不過，槍械設計最關鍵的改變，仍屬單體式彈藥的發明，顧名思義，就是將火藥、引燃用的底火以及彈頭結合成一體，方便使用，而且可從後膛裝填，不再需要經過槍口。這項技術誕生於1808年，由瑞士和法國製槍師讓‧塞繆爾‧保利（Jean Samuel Pauly）及弗朗索瓦‧普雷拉特（François Prélat）在巴黎共同研發，又再經由他方改良，問世後帶來的影響非同小可。採用單體式彈藥的後膛槍於1830年代逐漸出現，起初子彈是以一般紙張或硬紙板包覆，後來則改為金屬外殼。有了一體式彈藥，再加上新型彈匣與裝填手法，以及能有效提升彈道準確度的膛線，造就了新一代的槍械，發射速度快且十分精準，即使目標在數百公尺外都不怕射偏。在1841年，普魯士軍隊開始將德萊賽針發槍（Dreyse Needle Gun）設為標準步兵武器。這種栓動步槍每分鐘可發射至少6次，且不必再從槍口裝填子彈，所以士兵可躲在掩護處或採臥姿射擊。到了19世紀末，全球的現代軍隊皆已配備性能遠勝過德萊賽針發槍的栓動步槍，如德國的毛瑟Gewehr 98步槍（Mauser Gewehr 98）和英國的李-恩菲爾德步槍（Lee-Enfield）；此外，新式的高效能無煙推進劑也取代傳統火藥，促成槍械威力與可靠度的革命性進步。

栓動式夏塞波M1866步槍（Chassepot M1866）的彈藥，11毫米的彈頭以蠟紙包覆，但紙片在射擊時會燒起來，所以槍枝髒得很快。

採用單體式彈藥的後膛槍在19世紀臻於成熟，集各項技術之大成的機關槍就是在此時誕生，最具代表性的有兩種：美國人理查‧格林（Richard Gatling）發明的格林機槍（Gatling gun）有多根槍管，以手動轉柄操作，於1862年獲得專利；另外則是1884年的馬克沁機槍（Maxim gun），仰賴後座效應，以彈鏈供彈，射速可達每分鐘600發。除了槍枝外，大砲發展至此也變得截然不同：刻有膛線的後膛式火砲於1830年代問世，隨著時代演進，逐漸取代了從管口裝填彈藥的加農砲。大砲與小型槍械一樣，因改用後膛，填彈速度變得很快，此外，體積較小的野戰砲同

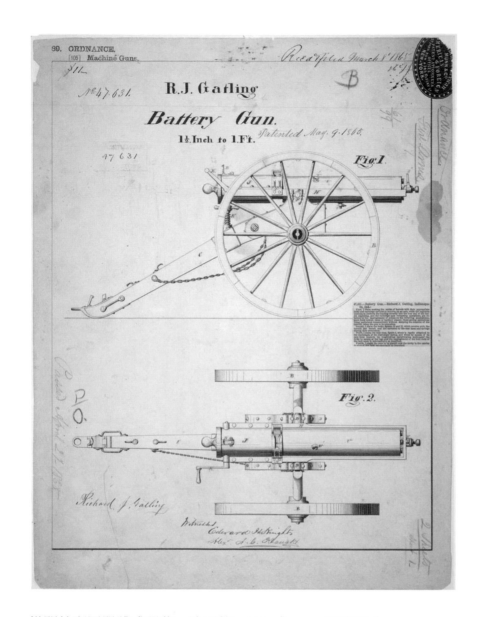

格林機槍的專利示意圖。這種槍能在不重填彈藥的情況下連射，改良後的版本最高射速可達每分鐘900發，不過實際速度仍依操作人員轉動曲柄的快慢而定。

樣開始配置單體式彈藥，法國的M1897式75mm野戰砲（French Matériel de 75mm Mle 1897）適當上油後，每分鐘最多可連射15至30發；至於射程也不斷拉遠，19世紀末的榴彈砲普遍都能射至7至10公里外。到了19、20世紀之際，高爆彈則讓火砲成了貨真價實的大範圍爆破武器，可以大面積摧毀攻擊標的。

上述所有發明都讓陸戰越發致命，只要缺乏掩護或無法移動，基本上就必定會被攻擊。為因應這樣的改變，步兵捨棄了以緊密行列與敵軍硬碰硬的打法，逐漸改以開放式軍陣及快打戰術為重點策略；軍隊制服用色變得低調，不再如從前那麼誇張顯眼，到了19世紀末，卡其、軍綠、灰綠及類似的色調已成了軍服的標準色；此外，由於槍砲精準度提升，高爆彈的殺傷力又強，所以步兵挖掘防禦戰壕及構築野戰工事的技巧也大有進步，一戰典型的壕溝戰就是始於此時。

⊙ 馬克沁機槍

馬克沁機槍為19世紀末的步兵賦予強大火力，時至今日仍令人敬畏三分。這種槍枝誕生於1884年，發明者是出生於美國，但後來移居英國的海勒姆・史蒂文斯・馬克沁（Hiram Stevens Maxim）。其實馬克沁並不是專門研究武器，生涯發明從捕鼠器、蒸汽泵到捲髮器都有，但後來一個生意夥伴告訴他：「別再管化學和電學了！要想發大財，就該發明一些歐洲人能輕易用來自相殘殺的武器才對。」這話啟發了他，也促成馬克沁機槍的誕生。他採用突破性的創新機制，讓後座力自動驅動機槍的完整操作循環，使用時只需扣下扳機，就能輕鬆發射由彈鏈供應的子彈，且循環射速高達每分鐘550至600發，馬克沁早期在宣傳時，甚至曾射到大樹傾倒，藉以標榜機槍的威力。有了馬克沁機槍後，機關槍小隊即使僅有兩到三人，都足以與持步槍的一整連士兵匹敵，所以這項發明對戰爭的影響可說是深遠至極。

馬克沁（左一）正在解釋馬克沁機槍的運作原理。槍若固定於三腳架上，可平穩運至戰場各處，精準攻擊廣闊的敵軍戰線，發揮破壞性的威力。

除了武器外，通訊技術也邁入現代化，電報與電纜用於戰爭後，就算身處不同戰場與國家，仍可相互溝通，也因為不必再靠士兵走路、騎馬或搭船來傳訊，所以原本長達數天、甚至數週的決策流程，變得只需短短幾分鐘就能完成了。到了19世紀後期，戰地電話更廣泛用於前線，顯示信號旗與日照儀等視覺傳訊工具終將過時。

在工業革命的非軍事發明中，最具戰略意義的就是越發進步的蒸汽火車，以及隨之鋪設的廣大鐵道網。鐵路系統先是在歐洲發展，然後擴及美洲，最後普及至全世界，讓軍隊能以組織化的方式，將上千名士兵及成噸的補給品迅速運至遙遠的戰場，無需步行或騎馬，不再受生物性因素影響，省去許多麻煩。除了鐵路外，蒸汽技術也催生出另一項重要發明——燒煤式蒸汽船。這種船不以木頭為材料，而是以鋼鐵製成，在1820至1830年代已能橫越海與大洋；到了19世紀下半葉，無須靠帆提供動力的鐵甲艦問世，可勝任全球規模的遠航（至少能頻繁往返於供煤港口），在調遣上幾乎已毫無限制，而且還能裝載後膛式的重型火砲，通常架設於旋轉型砲塔上；另一方面，由於控制射擊方向的儀器日益精密，雙方即使距離遙遠也能開火，再加上現代高

美國陸軍傳訊兵在1898年的美西戰爭（Spanish–American War）中使用早期的戰地電話。這種電話讓指揮官能即時以口語形式發號施令，不過仍須鋪設實體纜線才能使用。

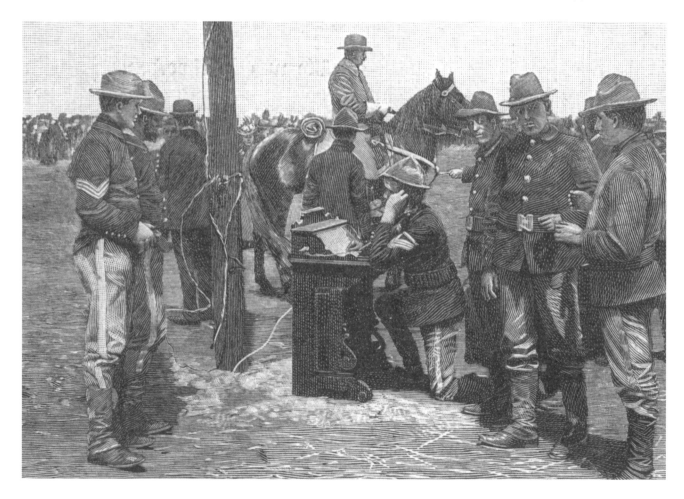

漢普頓錨地海戰（Battle of Hampton Roads）發生於1862年3月8至9
日，由美國莫尼特號（USS Monitor）對戰上美利堅邦聯梅里馬克號
（CSS Merrimac），又稱「維吉尼亞號」（Virginia），是史上首場
鐵甲艦之戰。

爆彈殺傷力強，所以艦身的防護材質也越來越堅實，為的就是避免被敵軍擊沉。

軍艦技術於20世紀早期發展至巔峰，催生出了「無畏艦」（Dreadnought）這種威猛無比的霹靂戰艦。船上的重砲管徑全都大於305毫米，載重超過2萬長噸，且能容納700多名軍官與士兵，可謂海上巨人，是守護國家艦隊的先鋒。不過，說到19世紀的戰艦發展，也不能忽略潛水艇不提。雖然技術還十分粗糙，但潛艇當時已初步成形，最後還把傳統軍艦打得一敗塗地。

至此，工業化戰爭的紀元已正式開啟：作戰場域不再侷限於傳統戰場，也擴及透過蒸汽發電的工廠和各式廠房，又因製造程序標準化，所以能以前所未有的規模產出大量武器及軍事材料；此外，內燃機的發展不僅有助民用運輸，也帶來了人類史上第一台裝甲戰車。就這樣，各項創新迅速淘汰了舊時代的戰法。

早期的戰用車實驗並不總是成功。圖為《Autocar》雜誌1899年8月刊登的「希姆斯偵察摩托車」（Simms Motor Scout），基本上就只是把馬克沁機槍裝在四輪單車上而已。

大型區域性戰爭（1850 至 1914 年）

西元1850至1914年也是戰爭史上極為複雜的一段時期。為了讓各位瞭解前述各項變革對實際戰場造成的影響，我們會先著重探討三大戰爭：美國南北戰爭、普法戰爭和日俄戰爭（Russo-Japanese War），接著再概覽這個血腥年代的數場「小型」戰爭。

美國內戰（1861至1865年）爆發於1861年4月，是由邦聯軍（Confederate，由南方各州組成，希望能脫離美國）朝聯邦軍（Union，隸屬於聯邦政府）在查爾斯頓港（Charleston Harbor）薩姆特堡（Fort Sumter）的駐地開出第一槍。一開始，雙方只是因奴隸問題與南北經濟差異而起爭端，結果衝突日益加劇，最後演變成死亡數超過62萬人的大戰，美國中部和東部的多數地區都被波及，且各處都有區域性戰場。從理論角度和實質層面來看，北方軍都極具優勢，因人口較多，共徵召到280萬兵力，相較之下，邦聯軍只有110萬人；此外，北方的工業產能較強，可大量製造戰爭必需品，且公路與鐵路網絡又發達，配送作業十分方便，反觀南方則始終難以滿足軍隊所需，不僅武器、火藥和制服不足，甚至連鞋子都缺；更慘的是，北軍在海上戰場也占上風，南方港口因而屢遭封堵。

美國南北戰爭是最早以相片廣泛記錄的戰爭之一。圖為邦聯軍第52號維吉尼亞步兵團的二等兵喬治·漢米爾頓·吉恩（George Hamilton Guinn）的肖像，他身穿制服，手持燧發槍。

雖然雙方實力懸殊，但南軍鬥志高昂，即使裝備短缺仍奮力纏鬥，導致聯邦軍苦戰4年才終於獲勝。南北軍各有攻勢，所以會戰接連不斷，雙邊兵力也各有消耗。1861至1863年，邦聯軍在傑出指揮官羅伯特·愛德華·李（Robert E. Lee）的帶領下，經常技壓北軍，在第一次牛奔河之役（First Battle of Bull Run，1861年7月21日）、七天戰役（Seven Days Battles，1862年6月25至7月1日）、菲德里克斯堡之役（Battle of Fredericksburg，1862年12月13日）及錢斯勒斯維爾戰役（Battle of Chancellorsville，1863年4月30至5月6日）中連番獲勝。然而，每場勝仗都有死傷代價，陣亡的士兵又無法起死回生，所以聯邦部隊在屢次致勝後，軍力越來越弱，甚至連一般追擊行動都難以勝任。1863年7月1至3日，李領軍的北維吉尼亞軍團在蓋茨堡之役（Battle of Gettysburg）中慘遭重創，北軍將領喬治·戈

登‧米德(General George G. Meade)率領波托馬克軍團(Army of the Potomac)橫掃邦聯軍,造成2萬8000人死傷,但自己也折損了2萬3000人,使蓋茨堡之役成為美國本土戰爭中最血腥的一役。

邦聯軍在蓋茨堡吞敗,且從5月就被圍攻的要塞維克斯堡(Vicksburg)也在 7月4日淪陷,之後便一路走下坡。自1864年開始擔任聯邦總指揮官的尤利西斯‧辛普森‧格蘭特(Ulysses S. Grant)祭出嚴厲的消耗打法,不過南軍一直到最後都驍勇奮戰,且防守打得特別好。話雖如此,李的部隊終仍因疲憊破敗,而被迫在1865年4月9日投降,邦聯軍殘存的勢力也於隔年6月全數遭到剷除。

南北戰爭橫跨新舊時代,既有傳統滑膛加農砲、接連不斷的燧發槍擊和震天價響的刺刀互鬥,也已採用現代武器,如夏普斯(Sharps)等類型的連發步槍、構成複雜野戰防禦機制的陣地型

火砲，以及廣泛使用的黑火藥地雷；此外，漢普頓錨地海戰（1862年3月8至9日）見證了史上首次的淺水重砲裝甲艦對戰，早期的潛水艇也在此役中首度執行戰鬥任務，1864年2月17日，邦聯軍的漢利號潛艇（H.L. Hunley）就在查爾斯頓港擊沉了北軍的單桅縱帆船豪薩通尼克號（Housatonic）。不過作戰方式雖已現代化，衛生條件卻沒有改善，在南北惡鬥的4年內戰期間，美國一般民眾所受的苦並不比戰場上的士兵來得少。

隔著大西洋，與北美遙遙相望的歐洲也有普法戰爭（1870至1871年）在上演。這場戰爭起因於西班牙王位空缺造成的爭端，戰略背景和南北戰爭大相迥異，至於作戰方式雖與美國有共通點，但也有形成強烈對比之處。最值得一提的是，交戰雙

普魯士第九號步槍軍營在格拉沃洛特戰役（Battle of Gravelotte）中進擊的畫面。此役是普法戰爭中規模最大的交戰，造成3萬名參戰士兵死傷。

方都配備栓動步槍：普魯士持德萊賽針發槍，法國則有威力更強的11毫米夏塞波步槍，還將槍管多達25根的排發槍帶入戰場——這種槍械在法文中稱為「mitrailleuse」，如大砲般架設在輪車上，是機關槍的前身。此外，普法也都有現代化的後膛式野戰砲與攻城砲，不過以這場戰爭而言，普魯士的武器與槍砲操作技術都較為出色。

法國夏塞波步槍的栓動裝置近照。中央底火式的栓動步槍曾是威力最強的步兵槍械，獨霸了將近一個世紀，後來才因自動裝填式的火槍興起而被取代。

西元1870年7月19日，法國向普魯士宣戰，法王拿破崙三世（Napoleon III）自認勝券在握，結果普軍在總指揮官赫爾穆特·馮·毛奇（Helmut von Moltke）將軍的帶領下，從一開始就位居上風。普魯士的一個關鍵優勢在於參謀小組專業又有效率，能謹慎而巧妙地策劃動員及部署軍隊的方式，尤其是將歐洲鐵路系統利用得淋漓盡致，迅速地協調大量軍隊，並送往前線的重要駐點，使法軍難以望其項背。

正因如此，普軍總是技高一籌，法國的左翼部隊也被逼回梅斯（Metz）堡壘，一籌莫展地在那兒受困到戰爭結束。1870年9月1至2日，12萬法軍和20萬德軍在色當會戰（Battle of Sedan）中大規模交鬥，德方大砲無情掃射，使得法國死傷慘重、一敗塗地，法軍奮勇作戰的騎兵隊所受的摧殘最為嚴重；防禦陣線崩潰後，巴黎也在1871年1月28日投降。這場戰爭確立了普魯士在歐洲大陸的霸主地位，也將法國從軍事列強中除名。時代演進至此，光靠愛國精神已無法左右戰爭結果，戰略規劃、高效動員以及後來獲譽為「戰場之王」的火砲才是勝負關鍵。

說到第一次世界大戰於1914年爆發前的軍事發展高度，1904至1905年的日俄戰爭可說是最佳寫照。雙方雖努力適應新式戰略與技術，卻都仍無法將之運用得淋漓盡致，直到一戰的最後兩年，各國才終於藉著鬥智運謀，將這些發展完全化為作戰優勢。

日俄戰爭之所以會爆發，是因為日本認為如果放任俄國繼續在中國及滿州擴張，俄方將會在東亞軍事圈取得支配地位，所以決定出兵，主要目標之一是進攻俄軍在滿州沿岸占領的亞瑟港（Port Arthur，也就是旅順港），將這個極具戰略價值的港口據為己有。1904年2月8至9日夜裡，日本對亞瑟港發動海上及兩棲行動，以配備魚雷的10艘驅逐艦突襲下錨於港內的俄國太平洋艦隊（Pacific

⊙ 卡爾‧馮‧克勞塞維茲

　　卡爾‧馮‧克勞塞維茲（Carl von Clausewitz，西元1780至1831年）是普魯士將軍，他的戰爭理論為西方軍事哲學帶來深遠的影響，至今仍歷久不衰。克勞塞維茲參加完拿破崙戰爭後，到柏林軍事學院任職，並完成知名著作《戰爭論》（Vom Kriege）。在此書中，他反思戰爭的本質，說明戰爭為何無法單以理性思維化解，以及交戰結果是如何受偶然性、情緒及「摩擦」的影響（他認為即使是最簡單的計劃，都難免被問題化，這就是他所定義的「摩擦」）。「戰爭是延續政治的替代手段」，對於人類衝突，克勞塞維茲曾這麼一言以蔽之，而這句話也成了史上最著名的箴言之一。

克勞塞維茲於1792年加入普魯士軍，在法國大革命及拿破崙戰爭期間表現亮眼。在法國1812年的侵俄行動中，普魯士與法軍站在同一陣線，但他仍選擇加入俄軍。

Squadron），歷史學家認為，日本1941年在珍珠港襲擊（Pearl Harbor）美國的太平洋艦隊時，發動攻擊的手法就帶有此次行動的痕跡。日軍首次出擊並未一舉得勝，但仍成功包圍亞瑟港，且圍港戰一路持續到1905年1月。交戰形式與19世紀的圍攻行動差異甚大，雙方在進攻與防禦上都大量使用機關槍，日方在出軍襲擊時因而折損許多兵力；以鐵絲網防護的壕溝越來越多，小型槍械和手榴彈成了攻擊主力；此外，相關證據也顯示，日軍曾在某些進攻行動中使用毒氣。

　　俄軍死守亞瑟港，直到1905年1月才投降，當時已有4萬人死傷。日方在此役中的傷亡人數高達6萬人，損失其實更為慘重，但逐漸找到節奏後開始頻頻致勝，1904年在滿州復縣（現今的瓦房店）及遼陽告捷，1905年2至3月又在長達3週，共60萬兵力投入的奉天會戰（Battle of Mukden）中獲勝。另一方面，日俄的海上對戰也同樣可觀，是最早以現代大型艦隊交火的戰爭之一。對馬海峽（Tsushima Strait）海戰發生於5月27至28日，規模驚人，日本派出4艘戰艦及27艘巡洋艦，俄羅斯則以11艘主力

俄軍在1905年的奉天會戰中發射野戰砲。此役規模極大，動員人數超過25萬人，更使用了2000多管火砲。

軍艦及各式戰船共20艘回擊，結果日軍在經驗老道的上將東鄉平八郎帶領下，以高超的戰略和槍砲技術完全壓制俄方，並憑藉艦隊速度、火力及槍砲訓練水平都勝過俄軍的優勢，擊沉了21艘戰艦，另外還俘虜6艘；俄羅斯多次潰敗，不久後便從滿州撤退。

　　無論在陸路或海上，日俄戰爭都可說是現代戰爭的早期寫照，所以結束後有許多歐洲軍事將領仔細研究。這場大戰不僅確立了火砲的關鍵地位，軍隊也開始採行新式輔助機制，譬如在敵軍的視野死角處部署前線觀察員，讓他們透過戰地電話與駐守在砲列旁的士兵通話，間接控制火力；另一方面，機關槍大幅改變步兵戰的形態，最後也徹底淘汰了駕馬的騎兵。在日俄之戰的見證下，「火力強者為王」逐漸成為不可否認的事實。

俄國的奧列格（Oleg）防護巡洋艦在1905年5月的對馬海峽海戰中損壞嚴重，不過仍順利抵達美國在馬尼拉的海軍基地，免於全盤崩毀的命運。

小型戰爭

除了本章先前探討的三大戰爭之外，在這段時期，世界各地還有其他許多大大小小的戰爭，但數量太多，無法一一列出，更遑論全部分析。舉例來說，在維多利亞女王（西元1837至1901年在位）統治期間，大英帝國的勢力達到頂峰，20世紀初的領土幾乎已占全球陸路的四分之一，所以無可避免地涉入全球許多殖民地戰爭，尤其是在非洲、中東與印度；此外，由於俄羅斯趁著鄂圖曼帝國衰弱之際擴張，所以英方也與法國和鄂圖曼土耳其人結盟，於1853至1856年間在克里米亞大戰中對抗俄國，而新一代的英兵也親身經歷拿破崙戰爭以後規模最大的幾場爭鬥，如阿爾馬河戰役（Battle of Alma）、因克爾曼戰役（Battle of Inkerman）、巴拉克拉瓦戰役（Battle of Balaclava）及塞瓦斯托波爾圍城戰（Siege of Sebastopol）在軍事史上都相當有名。在1864年10月25日的巴拉克拉瓦戰役中，由第七代卡迪根伯爵詹姆士·湯瑪斯·布魯德奈爾（7th Earl of Cardigan James Thomas Brudenell）中將指揮的輕騎兵團衝上山坡，卻發現俄軍已架出整排槍械，結果被轟得血流成河，徒勞無功。那場進攻行動後來成為阿佛烈·丁尼生勳爵（Alfred, Lord Tennyson）詩作〈輕騎兵進擊〉（The Charge of the Light Brigade）的題材，因而一直流傳到現在。戰火奪走50萬士兵的性命後，雙邊才終於簽訂

羅傑爾·芬頓（Roger Fenton）的知名攝影作品，原始標題為「籠罩死亡陰影的谷地」（The valley of the shadow of death）。這張相片是在1854年的巴拉克拉瓦戰役中攝於克里米亞，四散於谷地各處的大量加農砲彈，都是俄軍在面對進攻的英國騎兵時所發射的。

休戰條約，不過在戰爭期間，軍中的許多事務都歷經了現代變革，譬如英國護士佛蘿倫絲‧南丁格爾（Florence Nightingale）帶頭提升軍隊醫療品質，電報通訊也開始用於戰場；此外，巴拉克拉瓦之戰是史上第一場有戰地記者大篇幅報導的戰役，拍攝於此役中的相片，更是早期戰地攝影的寫照。

在與原住民族的小型戰爭中，英國在技術上多半具有絕對優勢，擁有威力強大的.577/450馬提尼-亨利步槍（.577/450 Martini–Herny）和馬克沁機槍，能把主要武器為矛、盾與劍的敵軍殺得片甲不留。不過，由於大英帝國版圖遼闊，同時有許多戰爭在世界各地進行，所以英軍人力遭到稀釋，兵員數通常比對手來得少。以1879年的祖魯

在羅克渡口戰役中，英軍與殖民地士兵共150人對抗4000名祖魯族戰士。藝術家阿方斯‧瑪麗‧阿道夫‧德‧紐維爾（Alphonse-Marie-Adolphe de Neuville）依據生還者的描述，將此役畫成了不朽的作品。

在第一次錫克戰爭（First Sikh War）的費羅茲沙戰役（Battle of Ferozeshah，1845年12月22日）中，英軍攻擊錫克帝國在旁遮普的重要軍營並搶下勝利，不過最後倉皇撤兵，打得並不漂亮。

戰爭（Anglo-Zulu War）為例，1600名英兵就於1月22日的伊散德爾瓦納戰役（Battle of Isandlwana）中，在南非納塔爾（Natal）慘遭2萬2000名祖魯戰士屠殺；同樣的悲劇也差點於1月22至23日在附近的羅克渡口（Rorke's Drift）重演，不過這次僅4000名祖魯兵出戰149名英軍，且此戰屬於地方防禦性質，雙方多半採徒手打鬥，所以結局不像前一次那麼慘烈；到了波耳戰爭（Boer Wars，共2次，分別發生於1880至1881年及1899年至1902年）時，英軍則面臨南非波耳人（Boer），是截然不同的對手。波耳戰士幾乎都是性格堅毅的農夫，射箭精準、騎術高強，又特別會打英軍不擅應付的游擊戰，不過英國經濟資源較為豐富，又對當地平民施行嚴厲手段，甚至還啟用集中營，所以波耳人終究在1902年投降。

除此之外，英軍也活躍於印度和現今的阿富汗等小型戰場。1842年冬天，英方的1萬6千人縱隊（其中4500人為士兵，其餘則是平民）企圖從阿富汗喀布爾（Kabul）走到賈拉拉巴德（Jalalabad），結果在7天的路程中慘遭阿富汗部落突襲，最終落得災難性結局，僅有一個英兵和數名印度兵成功抵達；在印度，英國也打了數場區域性戰爭，才鞏固殖民勢力，例如第一次錫克戰爭（First Sikh War，1848至1849年）及第二次錫克戰爭（Second Sikh War，1857至1858年），還有1857至1858年的印度起義（Indian Rebellion）——印度軍對英方控制的勒克瑙（Lucknow）發動長達半年的圍城戰，到1857年11月才棄圍，轟動了當時的英國社會。

除了大英帝國的領地外，全球各地幾乎也都不得安寧，如美軍在多場戰爭中對境內的原住民趕盡殺絕，使他們節節敗退，或被逼入保留區；此外，美國在1845年併吞原屬墨西哥的德州後，雙方開始了2年的美墨戰爭（Mexican–American War，1846至1848年），最後墨軍落敗，美方再度往西南與南方拓展領土；到了世紀末的1898年，美國與西班牙打了戰區較大的美西戰爭（Spanish–American War），並在菲律賓、古巴等地接連獲勝，期間也曾數度征戰南美，幫助各國脫離西班牙的統治，但殖民者離去後，內戰與各國間的鬥爭卻接連爆發，如1865至1870年的巴拉圭戰爭（Paraguayan War）就是一例。巴拉圭孤立無援地對抗阿根廷、巴西及烏拉圭聯軍，最後徹底敗北，國內共有高達四成的人口喪命，成了拉丁美洲最血腥戰役的註記。

本章所述的19世紀及20世紀早期戰史似乎再次凸顯出人類好戰的天性，戰爭經常是前一場才剛打完，下一場又緊接著來。不過，下章要討論的一戰與二戰可說是史無前例，先前討論的任何戰爭都無法比擬。這兩次的世界級混戰分別發生於1914至1918年及1939至1945年，幾乎將全球都捲入了戰火之中。

美國士兵於1898年聽聞西班牙棄守古巴城市聖地牙哥（Santiago de Cuba）後，開心地高舉頭盔慶祝。隨著西軍撤退，美西戰爭也進入尾聲。

第 5 章
兩次
世界大戰

現今所稱的第一次世界大戰（西元 1914 至
1918 年）和第二次世界大戰（西元 1939 至
1945 年），可說是人類軍事史上最慘烈的
戰爭，戰況最如火如荼時幾乎讓全球都陷入
「總體戰」，不但改變、奪走了數百萬人的
生命，也導致某些國家全盤淪陷。

德國政府於1914年8月1日發出總動員令後，德國部隊準備出軍
部署。在途中的火車車廂上，有人潦草地寫了一句「祝巴黎佳
節愉快」。

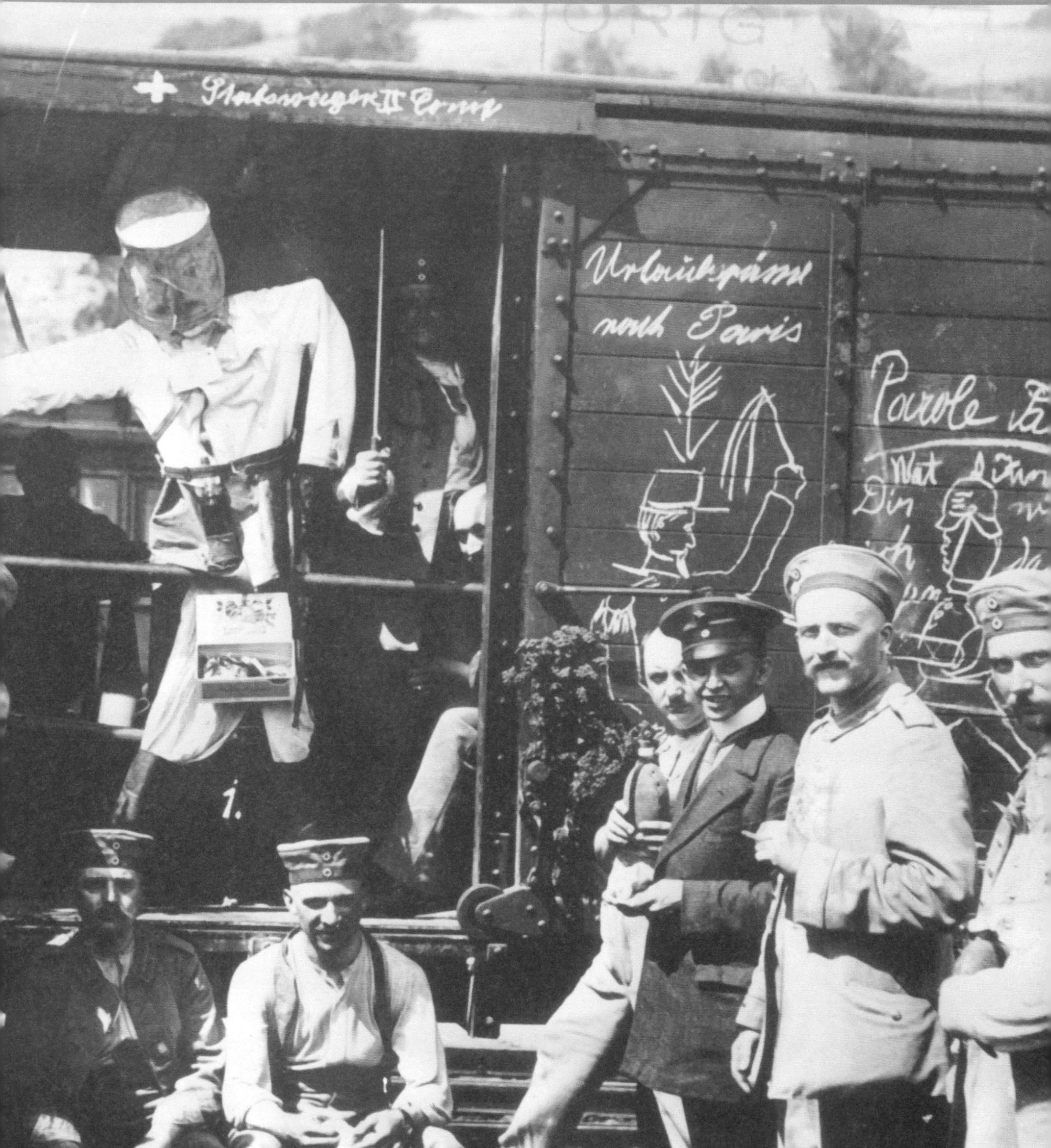
Urlaubspässe
nach Paris

與一戰本身的殘暴程度相比，引發戰爭的暴行似乎顯得微不足道。在1914年6月28日的波士尼亞，年輕的塞爾維亞民族主義者加夫里洛·普林西普（Gavrilo Princip），朝著奧匈帝國大公法蘭茲·斐迪南（Franz Ferdinand）和他妻子搭乘的皇家座車連開兩槍，導致兩人傷重身亡。當時，巴爾幹半島已出現反抗奧匈帝國統治的勢力，也是這起暗殺事件的成因之一，後來一連串的政治效應如滾雪球般觸發，最後導致了全球遍地戰火。歐洲列強如英國、法國、德國、奧匈帝國、俄羅斯和義大利因為已高度軍事化，隨時處於備戰狀態，所以在確立敵軍與盟友後，便立即開戰。奧匈帝國在1914年7月28日向塞爾維亞宣戰，致力守護塞國的俄羅斯也因而動員，導致與奧匈結盟的德國在8月1日對俄國宣戰；另一方面，法蘭西共和國則同情俄羅斯與塞爾維亞的處境，所以在8月3日加入戰局，與德國為敵；隔天，德方馬上將開戰口號化做實際行動，舉軍入侵比利時，大英帝國身為法國盟友，又曾誓言守護比利時的中立地位，因此也投入了戰爭。

第一次世界大戰

這場鬥爭挾著駭人之勢迅速擴張，參戰國家越來越多，原先戰火僅波及歐洲，最後卻延燒至全世界。日本在1914年8月23及25日分別向德國及奧匈帝國宣戰，保加利亞和鄂圖曼土耳其帝國則各自在10月及11月與德國結盟。就這樣，德國、奧匈帝國、

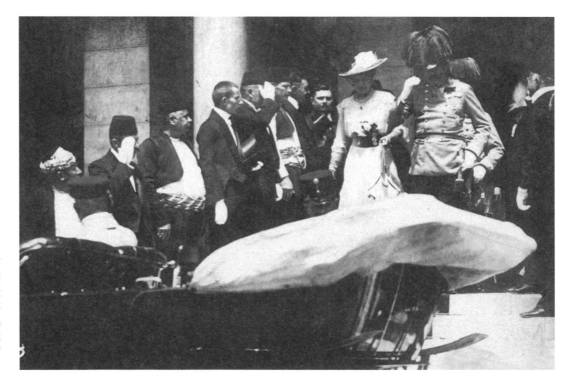

奧匈帝國的斐迪南大公和他太太，相片攝於兩人遭暗殺當天稍早（1914年6月28日）。該起事件引爆了全球大戰，慘烈程度前所未見。

保加利亞及鄂圖曼帝國結為同盟軍（Central Powers），對抗英國、法國、俄羅斯和日本組成的協約國陣營（Entente Powers，又稱Allies，義大利王國也在1915年4月加入）。後來，其他數十國紛紛選邊站，美國也於1917年成為協約國的一員，全球幾乎已沒有哪個角落能倖免於難。

西方戰線

德國於1914年8月4日入侵比利時及盧森堡，開啟了在西歐的陸戰，原本計劃要避開德法邊境的法國要塞，接著揮師南進，拿下巴黎，先把法軍剷除後，再迅速地重新部署至東部，以對抗俄軍勢力。之所以這麼安排，主要是為了避免在兩處同時開戰，因而稀釋兵力。

計劃雖然完善，現實卻不從人願。法國陸軍和英國的遠征軍（British Expeditionary Force，簡稱BEF）在1個月內就擋下德軍攻勢，讓巴黎免於淪陷，但雙邊也因而開始「往海岸競走」（race to the sea），迅速朝歐陸西北部推進，希望能搶先包抄敵軍。各國部隊抵達北海沿岸時，法蘭德斯（Flanders）的濱海地區到瑞士邊

揮師比利時的英國遠征軍，相片攝於1914。架在地上的是0.303口徑李-恩菲爾德彈匣式短步槍（.303in Short Magazine Lee-Enfield，簡稱SMLE），發射速率快，戰爭初期把德軍打得措手不及。

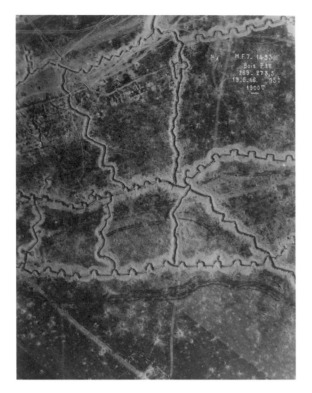

前線壕溝系統的空拍照。戰壕之所以處處彎曲，是為了擋下砲彈，免得火藥一爆炸，就把整條壕溝炸毀。

境已挖出一條綿長的防禦壕溝，後來西線戰役就是沿著這條地上界線開打，戰壕腥風血雨、飽受砲火摧殘，但打了3年，戰局依舊沒有太大改變。

自1914年底至1917年春季，西線的作戰節奏相當沉悶，出擊的一方會試圖攻破敵軍前線，一打就是數週甚至好幾個月，兵力消耗大且花費高昂，最後精疲力竭，卻幾乎完全沒有實際進展。德軍於1916年2月發動主要攻擊，突襲法國的防禦要塞凡爾登（Verdun），希望將法軍消耗殆盡，一舉奪下關鍵勝利，後來，此役也的確成了貨真價實的消耗戰：凡爾登之戰是史上死傷最慘重的戰役之一，德法雙方各損失了約43.5萬及54萬兵力，而且德國最後也沒能達成開戰目的。

不過除了凡爾登戰役外，德軍在1914至1917年間多半以防守為重，相較之下，協約國則頑固地持續發動大規模進攻，其中許多戰役都成了軍事史上的慘痛篇章，譬如索姆河戰役（Battle of the Somme）從1916年7月1日打到11月18日，造成大約60萬協約軍死傷（光是英兵就占42萬），但協約方卻也才推進區區10公里；1917年初，德軍索性退回具有高度防禦優勢的齊格菲防線（Siegfried Line），西線的僵局依舊難解。

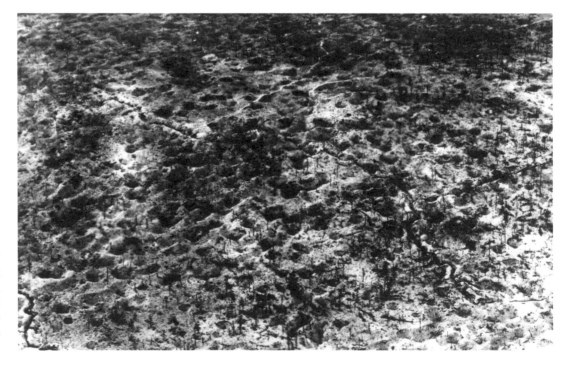

在10個月的戰爭期間，凡爾登周遭有幾千萬枚砲彈發射，永遠改變了這座城市的地貌，還留下數千發未爆彈，至今仍深埋地底。

⊙ 壕溝戰

　　在西線戰場，交戰雙方最前端的壕溝之間，通常會相隔數十至數百碼，中間則空空如也，可謂無人之境。壕溝網絡相當複雜，前線處一般會有數條平行的戰壕面向敵軍，作為支援與後備之用，縱向上則全數與通訊壕相連，以利軍需供應及前線小隊的輪調。後來，軍隊開始在壕溝裡鋪設地板、修築掩體（譬如德軍的水泥地下掩體就特別深而堅固），甚至還裝配電燈，但住在裡頭並以此為作戰基地的士兵還是得忍受恐怖的衛生條件，天氣潮濕、寒冷時，環境又特別惡劣。淤泥或其他噁心的物質經常深及膝蓋，害蟲也大肆繁衍；壕內的屍體難以搬離，導致活人必須和死人共處一室；敵方隨時可能發動砲襲，所以時時都得提防。雖有這些缺點，但壕溝防禦性強，在前方裝設緊密的鐵絲網後，即可有效拖慢敵軍速度，讓對方只能匍匐前進，這時便可趁機用機關槍、步槍、迫擊砲和各式火砲猛攻，一舉就能解決數千名士兵。要想攻破戰壕，方法只有一個：直接殺到溝內，逼迫敵人棄壕，因此，西線戰場的軍隊無不創意百出，窮盡各種辦法，就是為了達成這個目標。

法軍前線的戰壕。許多人可能以為士兵一次會在壕中待上好幾個月，但這其實只是迷思，一般而言，前線及後援小隊會經常性地輪調，不過即便如此，壕溝裡的衛生環境仍相當惡劣，住在裡頭往往相當辛苦。

在西線戰場用於轟炸德軍防線的英國重型砲，砲管在後座力的作用下會向後縮。照片前景的士兵正將保險絲裝到準備要發射的砲彈上。

一般歷史書經常將西線塑造成充斥極端愛國主義的血腥戰場，士兵在砲火連天的險境下作戰，卻也只能推進幾公里，數百萬人都白白死在殘酷的戰事之中。這樣的觀點並非完全錯誤，但深入探討後，就會發現有許多漏洞。

首先，西線的作戰條件十分嚴苛，前線戰壕綿延不絕，導致軍隊無法從側翼出擊、扭轉局勢，也少有機會施展繁複的戰術，要想進攻，基本上就只能用大砲猛轟敵方的防禦工事，並無畏槍林彈雨地迎頭衝向敵方的壕溝（不過後來攻法有所創新，後續段落會詳加討論）；戰地通訊仍大受限制，僅有固線式戰地電話及非常原始的無線裝置可以使用，也時常得騎車或跑步傳訊。看在我們眼中相當老套的策略，其實經常都是在前線太遠的情況下，為了協調部隊行動而採取的因應機制。

另一方面，「工業化」的殺人手法與裝置也在一戰期間臻於成熟，其中無論就數量、強度與火力而言，大砲都是最具代表性的武器。舉例來說，在索姆河戰役開始前，英法聯軍曾預先進行為期一週的轟炸，對敵軍陣線發射了170萬枚砲彈，不過有三成都未能引爆；此外，火力控管機制也漸趨複雜，部隊會配合步兵進攻的時機與路線，來決定發射方式。

不過一戰的死亡數之所以那麼驚人，大砲並不是唯一兇手：英國的維克斯機槍（Vickers）和德國的MG08重機槍都是極為精準的殘酷武器，能高速連射好幾小時，消滅了無數步兵；栓動式步槍發射速度快又準確，步兵也大量配備機關槍與手榴彈；西元1915年4月22日，毒氣在伊珀爾（Ypres）北邊首度被實際用於西線戰場，後來許多種類紛紛出籠，成了有利於大範圍攻擊的駭人武器，能使人皮膚起泡、失明、窒息等等，一戰結束時，共造成130萬人死傷。

不過戰爭也帶來物流上的需求，促使各國為了取得優勢而努力創新，尤其是1917至1918年的發展特別卓著。步兵、砲兵及逐漸成形的空軍都越來越有組織，早期的戰車也在此時問世，為步兵提供支援，最早是由英國用於1916年9月15日的弗萊爾-庫爾瑟萊特戰役（Battle of Flers-Courcelette，是索姆河戰役的一部分）。剛誕生的戰車大而無當、容易遭受攻擊，笨重吃力又不甚可靠，但因為能輾過鐵絲網，對敵軍直接開火，所以在戰場上仍有一定的影響力。在1917年11月20日至12月7日的康布雷戰役

（Battle of Cambrai）中，英法共動員了378台坦克，同時派遣大量空軍支援，並搭配組織化的砲擊與經過改良的步兵滲透戰術，呈現出全新的進攻模式。

到了1918年，西線沒完沒了的僵持苦戰終於完結，當時，俄羅斯已因1917年的革命震撼國內情勢而退出戰局，而協約國陣營則有美國加入，帶來了充足的兵力與強大的工業產能，對後續數個月的戰事大有幫助。

西元1918年3月21日，重整旗鼓的德軍派出3支完整的陸軍部隊，發動春季攻勢（Spring Offensive），盼能一舉攻破協約國前線，擴大占領區。為此，德方部署了

在一戰期間，Mk IV是英國的主要戰車。圖中的樣車已放下扭樑，接著這根橫樑會挖入鬆軟的地面，提升輪胎的抓地力。

在1918年春季攻勢中行進的德國士兵。到了戰爭的這個階段，雙方都已將重心轉離靜態的壕溝戰，開始著重迅捷靈活的戰略性打法。

6437門火砲，並採行名為「風暴突擊營」（Stormtrooper）的新式戰術，結合步兵策略和火力來壓制敵軍。起初的效果相當驚人，甚至似乎有改變戰局之勢，3月底時，領頭的部隊已推進了80公里，且多次攻勢從春天持續到夏季，讓協約國毫無喘息的餘地。不過，這些攻勢也同時將德方軍力慢慢消耗殆盡，多達數十萬士兵喪命，軍需供應也逐漸吃緊，而且每天又都有萬名美軍抵達歐洲支援，時至5月，法國戰場的美國部隊已多達65萬人。就這樣，協約陣營逐步擋下德軍的進擊，並反守為攻，不僅收復被占領的地區，還進而入侵德國本土。9月時，其他同盟國都已棄戰，希望能和平收場，德國雖仍頑固抵抗，但入冬後也深知難以回天、再戰無益，所以雙邊便在11月11日簽訂了停戰協定。

東方戰線

相對的，東線戰事則開展迅速，戰局變化多端，與膠著的西線戰場形成強烈對比，至少在1914至1917年是如此。1914年8月，俄國挾著597萬的驚人兵力參戰（包括常備與後備部隊），完全沒有別國陸軍能望其項背，但在這漂亮的數字之下，其實有許多缺陷。由於裝備不足且指揮官領導無方，所以俄軍經常受挫，在1914年8月發

動首波攻勢入侵東普魯士（East Prussia），結果8月26至30日就於坦能堡戰役（Battle of Tannenberg）中狼狽慘敗，第二集團軍幾乎全軍覆沒，後來在第一次馬祖爾湖戰役（First Battle of the Masurian Lakes，9月7至14日）也一敗塗地，當年總共就有大約百萬人死傷。

在1915年初，奧匈帝國與德國部隊於冬季發動攻勢，主要戰場在喀爾巴阡山脈（Carpathians），雙方都因消耗戰而吃足苦頭；至於俄軍則依舊災厄不斷，第十集團軍在第二次馬祖爾湖戰役（Second Battle of the Masurian Lakes，1915年2月7至22日）中幾乎全被殲滅，後來，5月2日至6月22日的戈爾利采-塔爾努夫攻勢（Gorlice–Tarnów Offensive）也打得俄國部隊被迫撤退。

一直到1916年，俄國才終於初嘗勝果，其中傑出的西南陣線指揮官阿列克謝・布洛西魯夫（Alexei Brusilov）將軍功不可沒。他在6月4日發動布魯西洛夫攻勢（Brusilov Offensive），於現今的烏克蘭西部全面攔阻同盟勢力，縮短實際轟炸前的演練時間，並指示部隊從壕溝祕密行進，藉此以40師的步兵和15師的騎兵成功突襲敵軍；另外，他也實施「打帶跑」（fire-and-manoeuvre）的步兵戰術，捨棄粗糙且耗費龐大的舊式人海突擊策略。由於布魯西洛夫攻勢成效出色，俄軍大幅推進至波蘭與加利西亞（Galicia），也使奧

俄國士兵在1916年的布魯西洛夫攻勢中推進。這波大規模攻勢的破壞力超乎想像，共有多達250萬人死傷或淪為戰俘。

在一戰期間，將軍阿列克謝‧布魯西洛夫（Alexsei Brusilov）為俄國發展出創新進攻策略，他善用火砲，讓軍隊不必再像從前那麼依賴騎兵。

匈帝國損失慘重，但進攻行動在1916年9月來到尾聲時，俄方本身也已折損大量兵力，估計有50到100萬士兵死傷，十分驚人；此外，俄國革命（Russian Revolution）又於1917年爆發，導致國內動盪不安，沙皇尼古拉二世（Nicholas II）慘遭罷黜，內戰也隨之而起。一開始，由總理亞歷山大‧克倫斯基（Alexander Kerensky）掌管的革命政府希望能繼續對抗德國，但由於德方的進攻氣勢越來越旺，俄羅斯自家的局勢又日益混亂，所以布爾什維克（Bolshevik）政府的佛拉迪米爾‧列寧（Vladimir Lenin）在1917年12月15日簽下停戰協定，俄國就此退出戰爭，而負責東線的同盟國也因而得以將作戰資源分派到其他戰場。

其他戰場

一戰波及的範圍並不如二戰遼闊，但依舊是全球性戰爭，海上戰線更是遍及世界各地。舉例來說，義大利在1915年5月23日向奧匈帝國宣戰，雙方主要的戰場位在北伊松佐河戰線（Isonzo Front），當地環境嚴苛，也對部隊形成艱鉅挑戰，雙邊從酷暑打到嚴冬，從開闊谷地鏖戰到崎嶇高山，派駐山區的士兵常得住在洞穴或石砌碉堡中，過原始人般的生活，還得忍受稀薄的空氣與深厚的積雪。

在1915至1916年間，義大利共在伊松佐河戰線上發動9次進攻，造成雙方數萬人喪生，在戰略上卻沒有什麼成果，奧匈帝國也因消耗殆盡而在1917年向德國求救，並直接獲得了從東線戰場調派而來的六師兵力支援。同盟陣營於10月24日在卡波雷托（Caporetto，現今的斯洛維尼亞西北部）出擊時，德軍使用了毒氣、風暴突擊營及滲透戰術，成效卓著，大破義軍的伊松佐河防禦陣線，在將義大利第二集團軍逼退241

義軍在伊松佐河戰線的高海拔處行進，景觀猶如北極。在死於一戰的義大利士兵中，有一半都是在這條90公里的戰線喪命。

公里後，才暫緩這波攻勢，而義方則終究又陷入了壕溝消耗戰。不過風水輪流轉，英法和美國都在1918年派兵支援義軍，協約陣營因而壯大了軍力，於1918年6月在皮亞韋河（Piave River）有效遏止奧匈帝國的進攻，並於10月24日在維托里奧威尼托（Vittorio Veneto）精彩回擊，一路打到11月4日，最後奧匈部隊死傷超過50萬人（其中有44萬8000人為戰俘），並損失多達5000門火砲，可謂全盤崩潰，所以很快便與義大利簽訂了和平協定；義軍雖然獲勝，卻也在四年間喪失了45至65萬的年輕士兵。

　　至於英國則曾出軍在歐洲與土耳其（亞洲區塊）之間連接愛琴海（Aegean Sea）與馬摩拉海（Sea of Marmara）的達達尼爾海峽（Dardanelles），該次行動是英方在一戰期間規模最大、最花錢，也最具爭議性的部署之一。1915年初，英法接獲俄軍求

奧匈軍在義大利戰線被捕後，準備要前往戰俘集中營。一戰結束時，匈牙利1914年的勞動力有10%都已受傷或死亡。

救，決定從鄂圖曼帝國手中奪回達達尼爾海峽，並在當時的第一海軍大臣邱吉爾擬定、批准計劃後揮師救援。起初，部隊僅從海上對土耳其沿岸的軍事要塞轟炸，但近50萬大軍之中的第一批在4月25日登陸後，慘遭土軍砲轟，最後情況演變成將近11個月的加里波利之戰（Battle of Gallipoli），失算的協約軍不僅沒能占領海峽，還困在沿岸搶灘處，時不時就被砲火襲擊。進攻行動經常會造成大量死傷，而且協約軍又與部署完善的土國部隊硬碰硬，損失自然相當慘重，又因為首要任務一項都沒能達成，所以終究在1915年11月23日至1916年1月9日間撤退。不過，邱吉爾並未就此斷送政治生涯，後來甚至還大放異彩、名留青史，可謂相當幸運。

保羅‧馮‧萊托-福爾貝克是思想先進的平等主義者，在德屬東非擔任同盟陣營指揮官。他史瓦希利語（Swahili）說得十分流利，還委派黑人軍官擔任將領，當時幾乎沒有先例。

加利波里之戰期間，英國東蘭開夏第42師步兵（British 42nd East Lancashire Division）在格利海灘（Gully Beach）紮營。在該場戰役中，第42師共有395名軍官及8152名其他軍階的士兵死傷或失蹤。

　　一戰期間，還有其他許多地區也發生了爭戰與軍事行動，但數量太多，只能概略列舉，譬如高加索、波斯、巴爾幹半島和美索不達米亞等等，以戰略價值而言，最重要的兩次分別是英軍在巴勒斯坦的進擊，以及德軍在德屬東非的大膽攻勢。英方行動主要集中在1917至1918年，部隊從位於蘇伊士運河區（Suez Canal Zone）的基地出擊，在西奈半島（Sinai Peninsula）剷除敵軍，到加薩（Gaza）打了3場大戰，最後占領耶路撒冷。偉大的英國將領埃德蒙‧艾倫比（Edmund Allenby）主導了這一切，後來又在1918年9月19至21日於米吉多大敗鄂圖曼土耳其軍，進而使鄂圖曼帝國在10月投降；另一方面，同盟陣營也有保羅‧馮‧萊托-福爾貝克（Paul von Lettow-Vorbeck）這位優秀中校，他駐守在德屬非洲當指揮官，史稱「非洲猛獅」（Lion of Africa），旗下雖只有1萬4千士兵，且多數都是非洲原住民，但仍有效施行游擊戰術，成效非常出色，最後就連30萬協約大軍都拿狡計多端的德國部隊沒有辦法，只能打成平手。馮‧萊托-福爾貝克奮勇頑抗，直到和平協定簽署後才投降。

海戰

　　以戰略角度來看，一戰的海洋戰事與陸戰同樣重要，由於軍事物流需要，一般民眾沒有足夠的物質資源也無法維持生活所需，所以海上運輸對多數參戰國家而言都非常重要，尤其是英國。戰爭爆發前的那幾年，英、法、德及美國等列強早已開始海上軍備競賽，並以配備重型火砲的主力艦組成強大艦隊，殺傷力最強的「無畏

英國的無畏號戰艦（HMS Dreadnought）採全裝重型火砲（all-big-gun）設計，改變了海戰生態，於1906年開始服役後，也引發各國爭相進行海上軍備競賽。

艦」也名列其中。舉例而言，從1906到1914年，英國就有32艘新戰艦下水服役，德國則有23艘。

一戰爆發之初，世界各國便已開始摩拳擦掌，準備在眾家爭奪的海域與大洋進行大規模砲戰，尤其是英國大艦隊（Grand Fleet）和德國公海艦隊（High Seas Fleet）之間最為劍拔弩張，但配備重型火砲的水面艦艇影響力終究不如預期，因為一戰期間雖有幾場獨立的大規模海戰，如科羅內爾海戰（Battle of Coronel，1914年11月1日）、福克蘭群島海戰（Battle of the Falkland Islands，1914年12月8日）及多格爾沙洲海戰（Battle of Dogger Bank，1915年1月24日），但戰船多半還是只用於沿岸轟炸或封鎖戰線而已。西元1916年5月31日至6月1日，英德主力艦隊在丹麥沿岸的北海海域發生了驚滔駭浪的激烈大戰，史稱日德蘭海戰（Battle of Jutland），雙方連鬥兩

一戰結束後，德軍的大型戰鬥巡洋艦駛向斯卡帕灣（Scapa Flow），將由戰勝國接管。在被扣押的74艘戰艦中，共有52艘在1919年6月21日集體自沉。

天，最後各損失14及11艘大艦。從戰術的角度來看，英軍算是落敗，但皇家艦隊畢竟規模較大，也展現了一定的實力，所以德方的水面艦艇同樣損失慘重。此役結束後，英方也繼續對德國實施海上封鎖。

事實上，一戰最重要的海上武器並不是架滿大砲、公開宣示火力的主力艦，而是靜靜航行於海面下的潛水艇。在這方面，德國領先群雄，潛艇戰隊規模也持續擴增，西元1914年9月22日，由海軍少尉奧托・韋迪根（Otto Weddigen）擔任艦長的U9潛水艇在北海南部一舉擊沉3艘英國裝甲巡洋艦，證明體積雖小，依舊能對戰局帶來翻轉性的影響。

後來，潛艇成了協約國海軍面臨的最大威脅之一，而且自1915年2月起，德國更毫無預警地開始在英方海域擊沉商船，企圖切斷糧食運輸，打擊相當倚重海運進口的英國，豪華客船盧西塔尼亞號（Lusitania）也因德軍攻擊失誤而在當年5月7日落難，使美國也加入了戰局。1915年中至1917年初，德方有所收斂，但之後又再度毫無節制地對進出英國的商船發動潛水艇攻擊，且一路持續到戰爭末期，所幸協約陣營發展出護航系統，可降低潛艇偵測到目標的機率，後來雙邊又簽訂了和平協定，原本前途未

德軍在1916年的日德蘭海戰中，從戰鬥巡洋艦德夫林格號（SMS Derfflinger）的船舷開火。後來，德夫林格號和瑪麗王后號（Queen Mary）、無敵號（Invincible）這兩艘英國戰鬥巡洋艦玉石俱焚，一同毀滅於該場戰役之中。

德國用於一戰的U-9潛水艇在1914年9月22日一舉擊沉英軍的3艘克雷西級（Cressy-class）裝甲巡洋艦，震驚四方，顯示潛艇的力量足以改變海上的權力平衡。

卜的英國才因而得救。不過，到了第二次世界大戰時，潛艇又再度發威，而且和一戰相比，殺傷力更是有過之而不不及。

空戰

　　最後要討論的一戰場域，是空中戰場。由於大戰爆發時，動力式可控飛行僅有短短12年的歷史，飛機有好幾片機翼，就像金屬與織物胡亂拼湊而成的古怪產物，也並不牢固，所以實在很難想像該如何改造並用於戰爭。其實軍機在初期主要是負責偵查及火砲觀測，但很快地就開始配備基本武器，如手持式槍械、小型炸彈和標槍等等，以破壞敵軍的觀測氣球；後來，機組人員開始相互攻擊，所以單純用於戰鬥機的機型也在1915年無可避免地誕生，而且發展到最後，機上配置的機關槍甚至可以從螺旋槳後方直接發射，讓駕駛能沿視線瞄準目標，並進行飛行技巧與殘暴攻擊並行的空中格鬥。飛行員出任務時，可說是命在旦夕，經常沒幾個星期就喪生，不過還是有少數幾人成功打下王牌飛行員的地位，戰功特別顯赫的有英國的愛德華·米克·曼諾克（Edward 'Mick' Mannock，61勝）和德國外號紅男爵（Red Baron）的曼弗雷德·馮·里希特霍芬（Manfred von Richthofen，80勝）。

英國的索普威思駱駝式戰鬥機（Sopwith Camel）是一戰最優良的軍機之一，靈活度高、機動性強，且配有成對的0.303口徑維克斯機關槍，可同步發射。

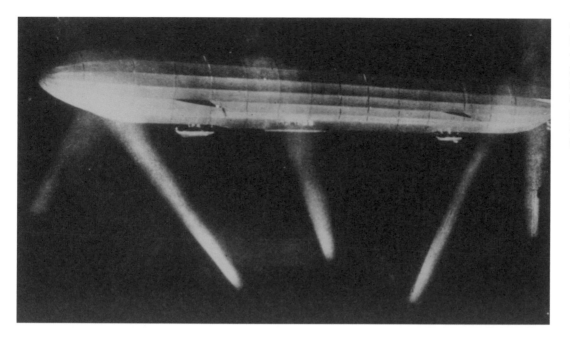

不久後，戰鬥機也開始用於地面攻擊，對敵軍進行低空掃射，或投擲輕型炸彈，為正在施行戰術的步兵提供支援。

雖然初期手法粗糙，但戰略轟炸也誕生於一戰期間，德國的齊柏林（Zeppelin）飛船和定翼機都祭出過這種攻擊，也都曾以倫敦為標靶：1915年5月31日的齊柏林飛船空襲造成26死60傷，1917年6月13日的戈塔轟炸機（Gotha bomber）則釀成158死425傷。飛船轟炸行動很快便不再流行，不過這幾波空中攻勢就像前哨戰般，為往後的空戰埋下了不祥的種子。

無論從何角度來看，一戰都是浩劫般的毀滅性事件，雙邊陣營激戰4年，打得血流成河，估計共造成2000萬人喪生，受傷人數又更多一些；各國青年男性人口驟減，導致全球的社會與政治狀態都破碎不堪。雖然有些人認為這場仗是為了「終結所有戰爭」而打，但其實一戰反而埋下了再戰的種子，短短20年後，全球便再度被規模更大的世界級大戰吞噬。

第二次世界大戰

第二次世界大戰的成因相當複雜、既深且廣，超出本書所能詳細討論的範圍，不過概略而言，可以說是因為德國在一戰落敗後，政治、經濟與社會等各層面都留下許多裂痕，為阿道夫・希特勒（Adolf Hitler）提供了完美舞台，讓他得以趁勢宣傳惡毒的世界觀與意識形態，煽動前所未見的狂熱民族主義，而他所帶領的，正是全名為國

家社會主義德國工人黨（National Socialist German Workers' Party）的「納粹黨」。希特勒透過街頭暴力及民主程序，在1933年當上總理，後來還設法把政體改為專制，藉此鞏固獨裁統治，不許任何人挑戰他的權威；他就是德國的唯一元首，誰都不准發出異議。

在希特勒的控制下，德國表面上似乎脫離了經濟蕭條的慘況，但同時也開始重新軍事化。希特勒在1935年毀棄戰勝國用以約束德方的《凡爾賽條約》（Versailles Treaty，簽署於1919年），公然違抗條約規定的軍備及兵力限制，後來又在1936年3月重新武裝萊茵蘭（Remilitarization of the Rhineland，協約國曾訂約明令禁止），到了1938年，他併吞奧地利及蘇台德地區（Sudetenland），1939年3月更以不流血手段侵占捷克斯洛伐克（Czechoslovakia）的捷克地區，但是國際社會並未嚴正以待，導致納粹勢力擴張無度。希特勒的終極目標是為德國人奪取「生存空間」

希特勒的一大成就在於透過意識形態、制服與行禮方式，為納粹黨營造出高度組織化的軍國主義形象，在1930年代，許多憤恨不平的德國人都爭相入黨。

⊙ 閃電戰

閃電戰以裝甲部隊（Panzer）和機械化步兵為核心，仰賴速度與機動性，藉以直搗敵方戰線的弱點（在德文中稱為Schwerpunkt，是「重力中心」的意思），並滲透到軍陣深處，使敵軍陷入混亂，難以進行通訊與反擊。當時，從開展的前線正面攻擊已不流行，部隊進攻時多半會繞過或避開防禦嚴密的據點，所以速度與技巧才是新一代的指導原則。裝甲部隊進攻及步兵發動後續突擊時，納粹德國空軍（Luftwaffe）都會進行空中密接支援（close air support，簡稱CAS），譬如可提供空中火力的Ju 87俯衝轟炸機（Junkers Ju 87 dive-bomber）就是攻擊機種之一；此外，裝甲部隊也有編列專屬的步兵、工程技師，以及反戰機、反坦克、火砲與技工小組，所以能獨立作戰。閃電戰的主要目的在於控制作戰節奏，讓對手難以跟上，這樣一來，就容易成功追擊、包圍或攻破敵方軍陣。

德國輕型戰車與步兵於1939年9月入侵波蘭。波蘭軍欠缺有效的應對措施，前8天就讓德方的裝甲陣隊推進了225公里。

（Lebensraum）、雪刷一戰落敗的恥辱（他本人也曾在壕溝裡英勇作戰），以及屠殺猶太人和他視為低等人的其他民族，藉以維護德國日耳曼人的純正血統。

波蘭與西歐

西元1939年9月1日，希特勒的德意志國防軍（Wehrmacht）入侵波蘭，為二戰揭開序幕，引爆了人類史上殺傷力最強、最具毀滅性的世界級大戰。當天，約120萬名德軍士兵及大型裝甲部隊越過兩國邊境，首度施展「閃電戰」打法（Blitzkrieg，是後人提出的稱呼，德方在當時並未以此為名），成功證明重振後的德國部隊既專業又強

大。不過，波蘭軍也堅決地英勇抵抗，甚至頑強地出乎希特勒意料，而閃電戰術有時未能如演練時發揮效果，例如在某場為時僅3天的戰役中，波蘭就殲滅了一整師的德國步兵。話雖如此，華沙最後的反抗勢力仍舊在9月27日崩盤，波蘭也就此被占領，陷入了最黑暗的5年。

當年9月3日，英國首相內維爾‧張伯倫（Neville Chamberlain）透過廣播對德國宣戰，法國也跟進，波蘭入侵事件就這樣加劇成歐洲大戰，但西歐地區在1939年10月至1940年4月間沒有太多戰事，英國有些人甚至還稱之為「假戰」（Phoney War）時期，不過東邊的情況可就不是如此了。1939年11月30日，與德國結盟的蘇聯出兵芬蘭，揭開了3個月的冬季戰爭（Winter War），最後史達林（Stalin）的部隊獲勝，但也因芬蘭軍頑強抵禦而損失慘重。

Ju 87俯衝轟炸機從空中開火，支援地面部隊，不過後來事實證明，這種軍機在俯衝轟炸後，很容易在拉升途中被戰鬥機截擊。

德意志國防軍在1939年9月對華沙發動空襲，將整座城市的大約一半都夷為平地，家被炸毀的波蘭男孩受創地坐在瓦礫之中。

紅軍（Red Army）在戰場上的掙扎，希特勒都看在眼裡，更特別記住了蘇聯的弱點，盼能化為德軍的優勢。

　　英法兩國都宣戰後，希特勒知道戰線勢必得西移，所以安排德意志國防軍在4月9日入侵挪威及丹麥，希望能控制斯堪地那維亞半島，藉以維持瑞典船隻的鐵礦供應。沒想到挪威不是省油的燈，攻占起來並不容易，且英法也派軍支援，首度與德方在二戰交火，不過德軍再次祭出創新戰略，創先例地派傘兵攻占重要機場、橋樑與軍事據點。隨著戰火繼續延燒，空降部隊的部署也變得越來越重要。

　　同盟軍在6月8日棄守挪威的最後據點，當時，德國已啟動在西歐的主要攻勢，並於1940年5月10日精彩進攻荷蘭與比利時，而且手到擒來，馬上就達陣。空降部隊再次出動，德國菁英傘兵乘滑翔機登陸，即使敵軍人數是己方的兩倍以上，仍成功占領比利時在埃本-埃美爾（Eben-Emael）的前線要塞；5月13日，裝甲部隊則繞過馬奇諾防線（Maginot Line），從眾人多半認為無法通行的亞爾丁（Ardennes）森林突襲法國。自那時開始，法國陸軍和英國遠征軍（BEF）就一路被壓著打，戰術也不如德方，最後BEF被迫退至沿岸地區，並奇蹟似地將33萬8千人（大約有三分之一是法兵）成功撤回英國。6月14日，巴黎正式淪陷，停戰協議也於6月22日簽訂。

在1939至1940年的冬季戰爭期間，蘇聯士兵凍結的屍體散落在芬蘭的雪地各處。史達林在占領芬蘭的行動中打得很辛苦，部隊共有30多萬人死傷。

德國傘兵在突襲訓練中乘DFS 230滑翔機登陸。1940年5月10日，近400名士兵就是搭乘此型號的滑翔機共50架，突擊比利時的埃本-埃美爾要塞。

噴火戰鬥機超級馬林（Supermarine）是英國空軍戰力的核心，輕薄的機翼呈橢圓型，靈活度高，而勞斯萊斯（Rolls-Royce）的梅林式（Merlin）以及格萊芬式（Griffons）引擎則成就了頂尖高速。

英國戰線啟動

　　法國被攻占後，英國人一致認為很快就要大難臨頭，果不其然，希特勒確實制定了海獅計劃（Operation Sea Lion），準備在1940年侵英。由於必須跨海突襲，這場行動有兩大阻礙：一是英方強大的皇家海軍，二則是奮力抵抗的皇家空軍（Royal Air Force，簡稱RAF）。為了打擊RAF勢力，德意志國防軍在1940年8月8日至10月30日投入英倫空戰（Battle of Britain），主要戰場在英國東南上空。這場延續了三個月的空戰激烈而曲折，也非常關鍵，對英方而言，是由邱吉爾（1940年5月10日開始擔任首相）口中的「少數人」（The Few，也就是空軍戰將）擔負起重責大任，在數月的苦戰中駕駛噴火戰鬥機（Spitfire）和颶風戰鬥機（Hurricane）堅守陣線，擊落1733架德國戰機，不過己方也損失了915架。

　　英倫空戰結束後，希特勒決定東侵蘇聯，因此終止了海獅計劃，但1940年9月，德意志國防軍仍發動倫敦大轟炸（the Blitz），夜襲英國各大城市，在1941年5月以前手段最為激烈，但一直到1944年都仍有斷續攻勢，而且武器陣容中還加入新式的V-1火箭（V-1 flying bomb）和V-2彈道飛彈（V-2 ballistic missile），預示了冷戰時期的相關技術發展。德軍的空襲對英國民眾的生活造成了真實而深切的威脅與影響：數百萬名兒童從都會區撤離，200萬人無家可歸，還有約6萬平民喪命。不過二戰打到最後，因為戰略轟炸而最淒慘落魄的，其實反而是德國和同屬軸心國陣營的日本。

⊙ 戰略轟炸

　　所謂「戰略轟炸」，指的是刻意從空中持續攻擊基礎建設、工業建築及民房，使敵軍喪失作戰能力與意願。基於道德因素，各國在1939至1940年使用這種戰略時通常有所保留，唯有德國對華沙和鹿特丹的轟炸及其他數場戰役除外，不過，二戰時期最成功的戰略轟炸，反倒是由英美在1942至1945年間所發動。1942年2月14日，英國政府下達區域轟炸指令（Area Bombing Directive），授權以蘭開斯特（Lancaster）機型為首的4具引擎式重型轟炸機隊開始對德國都會區進行大規模空襲，到了1943年3月，美國陸軍航空軍（United States Army Air Force，簡稱USAAF）也開始以B-17空中堡壘轟炸機（B-17 Flying Fortress）及B-24解放者式轟炸機（B-24 Liberator）支援，英方負責夜間轟炸，美方則在白天砲轟，造成嚴重破壞，1945年4月時，德國的主要城市多半已從地圖上消失，單是1945年2月13至15日在德勒斯登的猛烈轟炸，就奪走了至少2萬5千條人命。

　　在世界另一端，USAFF第21轟炸機司令部（XXI Bomber Command）也從1944年11月開始對日本無情砲轟，直到二戰結束才收手，造成數十萬人身亡，光是1945年3月9至10日在東京的那場空襲中，就死了大約10萬人。至今，戰略轟炸以及這種手法造成的後果都仍有許多爭議，不過值得一提的是，德國和日本因為缺乏同等級的戰機，也沒有能力執行此等規模的轟炸，所以並未以類似的手段報復。

美國陸軍航空軍的波音B-17空中堡壘轟炸機正要飛往德國轟炸攻擊目標。在歐洲地區，第八陸軍航空軍（The Eighth Army Force）是美國戰略轟炸行動的主力，共造成47,483人喪命。

德國傘兵在1941年執行水星行動,空降於克里特島,其中有數十名士兵因降落在沿岸的海面上而溺斃。

北非及巴爾幹半島

　　英國雖有美方提供物資上的援助，還有澳洲、紐西蘭、加拿大、南非及印度等大英國協軍的積極支援，但多半仍是單打獨鬥，一直到美軍於1941年12月正式參戰後，情況才改觀。以陸路而言，英軍的主要戰場在北非及巴爾幹半島；1940年6月，義大利加入德軍陣營，9月13日就派遣利比亞駐軍出兵英治埃及，對當時掌握在英國手中的蘇伊士運河造成潛在威脅，因此當地的英軍總指揮官阿奇博爾德・韋維爾（Archibald Wavell）將軍在12月發動反攻，結果義軍一敗塗地，撤退了800公里，還有數萬名士兵遭俘。

　　西元1941年4月6日，南斯拉夫（Yugoslavia）被德國入侵，4月17日便被迫投降，但隨之而來的並不是和平占領，反而是國內黨派的自相殘殺，最後有百萬餘人因而喪命。4月6日當天，德軍也攻擊了希臘，不過主要目的其實是搭救盟友，因為義大利軍從1940年10月便在當地作戰，卻遲遲無法獲勝。這道戰線打起來困難許多，德方耗費一整個月才完全瓦解希英聯軍的反抗行動，將希臘納為囊中物，並將目標轉向駐有英軍及大英國協軍共3萬人的克里特島。1941年5月20日，德方執行了水星行動（Operation Mercury），進擊克里特島，共22萬750名士兵乘降落傘、滑翔機和Ju 52運輸機登陸，完全以空降形式發動突襲，是二戰中最出人意料的行動，降落傘蓋甚至

埃爾溫・隆美爾幾乎可說是希特勒麾下最優秀的指揮官，不過最後仍因捲入暗殺希特勒未遂的事件，而在1944年10月14日被迫自殺。

一度將愛琴海湛藍的天空遮蔽成一片黑暗，畫面十分驚人。不過光是第一天，德國空降部隊就有數千人喪生，顯示出士兵在緩慢的飄浮部署過程中有多脆弱。話雖如此，傘兵最後仍憑著專業態度及作戰技巧成功達陣，在5月31日拿下克里特島，但也折損了7000兵力，所以後來希特勒幾乎只讓菁英步兵執行傘降任務。

鏡頭轉回北非，德國部隊在1941年2月抵達，領軍的正是埃溫爾·隆美爾（Erwin Rommel）將軍——他是希特勒最傑出的將領之一，不僅主導德方裝甲部隊及閃電戰策略的發展，也是領軍在1940年拿下西歐的一大功臣。因為有這名大將坐鎮，德軍與敵方打得平分秋色，在北非各地互有消長：隆美爾的優勢在於戰略與進攻技巧，而同盟陣營則控制地中海，所以物流供應較為順暢，雙邊一直打到1942年底，德軍才真正落居下風。首先，由中將伯納德·蒙哥馬利（Bernard Montgomery）掌管的英國第八集團軍在10月23日對阿拉曼（El Alamein）發動攻勢，所向披靡，對德義都造成了難以復原的損失，也迫使兩軍一路撤回突尼西亞；後來，英美聯軍又進攻法屬非洲，使隆美爾陷入兩面包抄，由於德國當時已在東線部署大量士兵（下文會詳加探討），

在1942年的阿拉曼戰役中，英軍手持帶有固定式刺刀的槍枝在西部沙漠（Western Desert）推進。這場戰役讓德國開始敗退，最後終究輸掉了北非。

卡西諾山（Monte Cassino）的本篤會（Benedictine）修道院遺跡。這座美麗的歷史建築毀於美軍的大規模空襲，諷刺的是，建築結構遭到破壞後，反而還比完整時來得利於防禦。

所以軍力根本難以負荷。首度與德方正面交鋒的美軍一開始曾陷入苦戰，但同盟方終究越打越流暢上手、勢不可當，到了1943年5月11日，該戰線的多數德兵都已淪為戰俘，至於沒被逮的，也都從北邊出逃到西西里與義大利了。

西西里與義大利

同盟軍入侵義大利與西西里的行動大致上是由邱吉爾主導，不過這道策略至今仍多有爭議。事實上，美軍原本希望能盡快直接進攻歐洲北部被占領的地區，但不久後便發現軍需供應上有困難，所以邱吉爾便提議先突襲歐洲的「軟肋」（soft underbelly）西西里及義大利，一方面將德國兵力引離北歐，為英美之後的進攻鋪路，另一方面也可以為東線的蘇聯緩解壓力。就這樣，美國第七集團軍和英國第八集團軍在1943年7月9日實施了「哈士奇行動」（Operation Husky），以規模在軍事史上數一數二的兩棲戰隊揮師西西里，讓德軍陷入苦戰。話雖如此，島上的德國士兵在8月17日前都已設法撤離，但許多部隊其實只是穿越美西納海峽（Straits of Messina），重新部署至義大利本土而已。

因此，英美接下來轉戰義大利，沒想到戰況激烈殘暴，「先攻軟肋」的如意算盤打得大錯特錯。雖然盟軍是在1943年9月3日與義方達成停戰協議後，才在當天登陸義國南部，而且海上及空中戰力也具絕對優勢，但仍從行動之初就吃盡苦頭。駐守義大利的德國指揮官阿爾貝特・凱塞林（Albert Kesselring）陸軍總元帥沿內陸山區及河

同盟陣營的援軍在D日（1944年6月6日）登陸行動後湧入諾曼第的海灘。希特勒沒能阻擋敵方搶灘，是他輸掉西線戰事的關鍵。

道部署防禦戰線，率軍打出一連串的精彩守備，盟軍從薩萊諾（Salerno，1943年9月9日）和安濟奧（Anzio，1944年1月22日）登陸後，都差點無法鞏固陣地並據以出擊，而1944年2月12至5月18日的卡西諾山戰役更是慘絕人寰，同盟勢力雖奪得最後的勝利，但美國第五集團軍和英國第八集團軍的死傷數高達5萬5000人。不過在那之後，兩軍繼續以穩定的步調攻占義國各地，並在6月4日拿下羅馬，德軍被擠壓至義大利極北的地區，並一路受困到德國1945年5月投降為止。

諾曼第登陸戰與西線勝利

雖然盟軍從1940年起就開始計劃要收復西北歐，但直到「大君主行動」（Operation Overlord）於1944年6月6日執行後，這個目標才終於實現。當天早上大約六點，近13萬3000名美國、英國、加拿大及大英國協軍開始從登陸艦上岸，搶攻諾曼第（Normandy）的海灘，而且在那之前的數小時內，已有2萬人的空降部隊先行登陸，清楚顯示同盟陣營在物流、海軍及兩棲作戰等各方面都實力堅強，執行任務及提供支援的戰艦更是多達5333艘；此外，在登陸區上空巡航的軍機也有8268架，馬上就驅逐了納粹國防空軍薄弱的機隊，為空中戰場帶來壓倒性優勢。雖然登陸區是兵家必爭之地，美軍負責攻占的「奧馬哈海灘」（Omaha Beach）戰況又特別激烈，但盟軍仍在當天入夜前攻下了諾曼第海灘，而且原本預估會有上萬人死傷，最後僅3400人喪命或失蹤。接著，盟軍開始從搶灘處朝內陸推進，但德軍也極力抵抗，讓每座村莊、

⊙ 空降部隊

　　空降部隊（可分為傘降和機降）最早發展於1930年代的蘇聯、義大利與德國，二戰開始前，就屬德軍的技術最為成熟，至於英美則是到1940年才開始組織空降小隊，但在1944年時已建置出以師為單位的完整兵力，反倒是德國因為在克里特島失利（詳見上文），所以已大幅撤除這個兵種。空降部隊為步兵戰增添了垂直面向，換言之，士兵可以避開敵軍防禦或險阻的地形障礙，直接降落到任務目的地或附近的地點，所以能夠執行的任務也十分多元，譬如阻斷敵軍的物流供應，追捕並扣押高價值目標，支援或搭救被包圍的部隊，以及在己方執行陸上行動時將敵軍引開等等。不過空降部隊行動時必須輕裝上陣，所攜的裝備、重型武器及軍需品都很少，所以在登陸後的幾天內一定要有人接應或重新補給才行。

市場花園行動期間，英國傘兵在阿納姆陷入激烈交戰。盟軍情報錯誤，低估了德軍在當地的軍力。

每個城鎮、每條街道和每道樹籬都成了戰場。這波對戰由美國第三集團軍在將軍喬治‧史密斯‧巴頓（George S. Patton）的指揮下主導，1944年8月才實際開始，但到了8月5日，巴黎便已收復。

　　在1944年9月，同盟勢力已進逼德國邊境，並以擊潰德軍為目標，於9月17至25日執行了市場花園行動（Operation Market Garden）。按照計劃，盟軍第一空降軍團（First Allied Airborne Army）的41600名英美傘兵降落到德國境內後，會搶占萊茵河（Rhein）的橋頭堡，而英國第30軍則應從陸路前去會師，提供支援，結果德軍頑強抵抗，援軍無法突破防線，導致英國第一師空降軍在阿納姆（Arnhem）孤立無援，損失了8000兵力，幾乎全軍覆沒，行動也徹底失敗。

　　西元1944年冬天，德軍再度使盡殘餘之力，在12月16日從亞爾丁森林發動大規模反攻，希望能分散盟軍兵力，完成占領安特衛普的終極目標。德國派出41萬大軍、

⊙ 潛艇大戰

在海戰場上，西歐同盟國確實打過幾場大規模的海面戰，譬如1941年5月與俾斯麥號戰艦（Bismarck）的對決就相當著稱，不過最讓盟軍頭疼的其實是潛水艇，在大西洋尤其如此。戰爭初始之時，德國海軍就已有57艘潛艇，在1939至1945年間總共又製造出1141艘用於作戰。這些潛艇就像成群的狼般相互配合、共同出擊，阻截來往於大西洋兩岸的英方船隻，斷絕英國賴以為生的資源，也的確造成十足的破壞。在1940年，容積總噸（gross registered tonnage，簡稱GRT）共240萬的盟軍戰艦因潛水艇攻擊而沉船，到了1942年，被擊沉的總GRT更因美國參戰後商船目標大增而巨幅上升至610萬噸，且潛艇摧毀戰船的速度一度快到盟軍來不及替換船隻，英國甚至可能因飢荒而被迫投降。不過，隨著同盟陣營在戰略與技術上創新，局勢也逐漸反轉：護航艦戰術進步，設置於船隻和飛機上的雷達及聲納型潛艇偵測裝置大幅改良，射程極遠的反潛軍機加入戰局，以及破解恩尼格瑪（Enigma）軍事密碼後精確掌握潛艇動向等等，都是重要因素。最後戰局大逆轉，擔任潛艇兵反而成了德國軍隊最危險的工作，二戰結束前，德方共有821艘潛艇葬身海底。

一艘潛艇正駛入位於法國洛里昂（Lorient）基地的鋼筋混凝土修藏塢。德軍於1940年拿下法國，在那之後，潛艇就得以從沿岸基地直接駛入大西洋發動攻擊。

1400多部裝甲戰車及3200門火砲，起初進展驚人，不僅深入許多地區，還在巴斯托涅（Bastogne）包圍美軍，但最後仍因兵力折損嚴重且物流供應有困難而無法延續氣勢，而且隔年1月之後天氣好轉，同盟陣營的空軍因而得以重啟行動，繼續摧殘德軍的裝甲部隊。

突出部之役（Battle of the Bulge）是苟延殘喘的希特勒在西線戰場的最後一擊，該役結束後，盟軍繼續推進到荷蘭與德國，並在4月25日於易北河（Elbe）與俄軍會師。5天後，希特勒自殺，德國也很快地在5月4日無條件投降，並於5月7日正式簽署了投降書。

大批德軍在巴巴羅薩行動（Operation Barbarossa，1941年6月）的初始階段湧入蘇聯。雖然當時已是機械化的年代，但馬匹對軍需運送而言仍相當重要。

東方戰線

　　回顧希特勒在二戰期間的所有致命決策，以1941年6月22日的蘇聯入侵行動影響最大，也決定了德國最後的命運，不過一開始可沒人這麼認為，因為北、中、南三個軍團的300萬德國大軍勝場無數，蘇聯紅軍雖具人海優勢，但在指揮、管控與訓練等各方面都不如人，所以很快就全面崩盤，12月時已有約400萬人死傷，北線德軍攻至列寧格勒（Leningrad），中部軍團推進到莫斯科的近郊，烏克蘭的卡爾可夫（Kharkov）也已失守，後來是因嚴冬降臨，德國部隊動彈不得，且西伯利亞的兵力接獲調遣前來支援，莫斯科才免於淪陷。

蘇聯士兵在史達林格勒的城市殘骸中奮戰。在該場戰役中，蘇軍的主要戰術是「擁抱敵軍」（hugging the enemy），也就是緊跟在敵人身邊，讓對方難以使用重型武器。

蘇聯的T-34-85戰車在反坦克火力的掩護下衝鋒陷陣。T-34戰車總共量產了8萬多台,不過超過一半都在東線戰事中報廢。

在1942年的春季到來後,德軍重啟攻勢,這次集中火力,南侵蘇聯許多煉油廠所在的高加索地區,一開始雖延續1941年的勝利氣勢,但後來卻在伏爾加河(Volga)與蘇聯軍陷入史達林格勒戰役(Battle of Stalingrad,1942年8月至1943年2月),打得人仰馬翻,雙方都想控制這座城市,也都毫不手軟地無情猛攻,造成50多萬人喪命。最後,德方的第六集團軍遭到圍攻、徹底崩潰,德國苦吞前所未見的慘敗,倒是蘇聯因此役告捷而士氣大振。

紅軍先前雖歷經多次挫敗,但贏了這場仗後,進攻氣勢開始攀漲。1943年7月5日,德蘇在庫斯克會戰(Battle of Kursk)碰頭,該役共動用了8000多台裝甲戰車,是史上規模最大的坦克之戰。這場鋼鐵掛帥的對戰顯示,裝甲設備就和火砲一樣,已成了陸戰中最重要的工具,不僅大量部署,火力與靈活度也越來越強,防護層級更是不斷提升。以坦克而言,德國製造了許多不同種類,威力最強的是四號戰車(PzKpfw IV)、虎式六號戰車(PzKpfw VI Tiger)以及豹式五號戰車(PzKpfw V Panther),3種都曾以寡敵眾,造成大批盟軍傷亡;另一方面,蘇聯則選擇製造8萬

4000多台基本但性能優異的T-34及T-34-85，這兩種戰車速度傲人、靈活且可越野行駛、裝甲設備可提供有效防護，更適合大量生產。就二戰的許多技術而言，德國都喜歡鑽研特定領域，而盟軍則採以量取勝的策略，不過最後事實證明，大規模量產才是致勝之道。

　　根據最終分析，庫斯克會戰是由蘇聯拿下，而後德方也逐步撤回德國，又因為已被打得潰不成軍，所以在回程路上也落魄不堪。1945年1月12日，俄軍跨過德國邊境，並在4月16日突襲柏林。雖然反抗也是徒勞，但德軍仍猛力一搏，在歐戰的最後階段造成30多萬蘇聯士兵死傷，不過戰局大勢已定，希特勒的自殺更讓德國提早幾天豎起白旗，他「千年帝國」（Thousand Year Reich）的首都柏林終究崩毀，只剩下敗戰投降的孤寂。

　　發動東線戰役是希特勒最大的錯誤，對美國宣戰也是他的敗筆之一，畢竟美方工

西元1945年，蘇聯士兵在柏林舉旗宣示勝利。希特勒於4月30日自殺，德國也在5月8日正式宣布無條件投降。

業實力無可匹敵，參戰後很快就成了物流及軍備方面最強大的支援。綜觀而言，盟軍的兵力和資源都讓德國及日本完全無法抗衡，但德軍在東線之所以失利，原因在於即使是納粹戰爭機器，也完全無法適應當地的作戰環境：路途遙遠導致軍需資源耗竭，且散布各處的蘇軍環伺，隨時可能發動攻擊；冬季溫度動輒零下，使戰車完全凍結而無法運作；再加上戰無休止之日，傷亡人數也不斷累積，最後德軍在東線的死亡數高達510萬，反觀西線則只有60萬人喪命。不過蘇聯的情況又如何呢？若把平民和士兵都算在內，共有約2500萬人身亡，所以俄方實是浴血奮戰，才為盟軍拿下了血洗的勝利。

⊙ 航空母艦之戰

　　早期的航空母艦在一戰末就已發展而成，不過是到了1920至30年代才成為海軍艦隊主力，又以美國、日本及英國特別倚重，至於尺寸及可乘載的飛機數差異極大：小型的護航航空母艦僅能運送30架，大型艦隊航母則可容納將近100架，不過無論是何種類，這種船艦都徹底改變了海戰生態，在海上是最有力的戰船，可將戰鬥機、俯衝轟炸機和魚雷轟炸機部署至數百公里外，即使是最精良的軍艦，被飛機團團包圍時也等同於毫無防護，舉例來說，日本的武藏號（Musashi）和大和號（Yamato）是人類史上最大的戰艦，卻分別在美軍1944及1945年利用航母進行空襲時傾覆。美日雙方都知道這種軍艦是稱霸海洋的關鍵，所以在太平洋戰爭中頻頻以巨型航母過招，不過美方產出速度驚人，在1939至1945年間製造了141艘，而且空軍及軍機素質也遙遙領先，再加上日本同一時期只生產出16艘航母，所以美軍幾乎可說是穩操勝券。

約克鎮號航空母艦（USS Yorktown，代號CV-10）屬艾塞克斯等級（Essex class），於1943年4月開始服役，名稱是繼承自在中途島海戰中（Battle of Midway）遭毀的CV-5約克號。

海軍省許可濟第七八三號

太平洋戰爭

太平洋戰爭（Pacific War）和歐戰確實具有一定程度的關聯，但就許多層面而言，其實可大致視為獨立的戰爭，至少在打到最後幾週前都是如此。在1920及30年代，大日本帝國與西方國家（尤其是美國）的政經關係越來越緊張，還導致美方在1941年7月對日實施石油禁運措施。當時日方已簽訂三國同盟條約（Tripartite Pact），加入德國和義大利的行列，且政府當中的民族主義分子更盼能透過軍事手段，拓展在東南亞及太平洋的領土，解除島國天然資源嚴重不足的困境，不過日本人也知道，他們首先得剷除美國的海軍勢力才行。

所以在1941年12月7日，航空母艦將360架日本軍機運至珍珠港，對美國的太平洋艦隊發動攻擊，被擊沉或嚴重毀壞的戰艦多達14艘，還有3300名美國人喪命。美方雖然損失慘重，但最重要的航母當時並不在港內，所以日本的這場突襲，其實反而喚醒了沉睡的巨人。

在1941年12月7日的空襲中，日本海軍派出大批攻擊機，進攻美國海軍在夏威夷的太平洋艦隊基地上空。在這場轟炸中，日方出動了六艘航空母艦及420架戰機。

日本部隊在1941年末的入侵行動中進占馬來亞。日軍在東亞的勝利，暴露出當地大英帝國軍的致命弱點。

擴張與撤退

在珍珠港遭襲的同時，日本也發動攻勢，入侵太平洋與東南亞，橫掃許多歐洲殖民地及美國領土，成果絲毫不輸西線的德國部隊，在1941年底及1942上半年，各地迅速淪陷，泰國、馬來亞（Malaya）、新加坡、香港、緬甸、菲律賓、婆羅洲、荷屬東印度（Dutch East Indies）、新幾內亞大部分、新不列顛（New Britain），還有馬里亞納群島（Marianas）、吉爾伯特群島（Gilberts）、索羅門群島（Solomons），以及威克島（Wake Island）等無數的太平洋島嶼都落入了日本手中。日軍行動迅捷，以策略技壓盟軍，在1942年2月僅耗費1週，就拿下英方據以作為防禦要塞的新加坡，還俘虜共8萬人的英國、印度及澳洲士兵，導致邱吉爾將之視為英國軍事史上「最嚴重的災難」。不過後來盟軍開始反擊，日本的推進速度也逐漸變慢，一心想復仇的美軍所帶來的影響又特別大。

鏡頭轉到海上戰場，珊瑚海海戰（Battle of the Coral Sea，1942年5月4至8日）和

在太平洋戰爭期間，由美國航空母艦乘載出擊的道格拉斯SBD無畏式俯衝轟炸機（Douglas SBD Dauntless）戰功彪炳、無與倫比，擊沉日方許多戰船，包括數艘大型航空母艦。

叼著招牌菸斗的麥克阿瑟將軍。雖然他指揮的部隊在1942年被逐出菲律賓，但他仍獲晉升，成為西南太平洋區的總司令。

中途島海戰（Battle of Midway，1942年6月4至7日）這兩場極為重要的航母大戰總共讓日本海軍損失了5艘航空母艦（光是中途島海戰就占4艘），也使情勢開始對美國有利；在新幾內亞，美澳聯軍逐步擋下日軍於1942年7月底沿著歐文史坦利山脈（Owen Stanley Range）進行的攻勢，並反守為攻；1942年8月7日，美國部隊入侵索羅門群島南部，1943年2月時已完全驅逐瓜達康納爾島（Guadalcanal）的日本勢力；至於英國也在1942年12月出征被日占領的緬甸，但就領地收復而言，要到1944至1945年才有顯著進展。

　　自1943年起，新興的大日本帝國開始大規模撤退，在1944至1945年更是快速走下坡。就戰略而言，美國將太平洋分為兩大戰場，由道格拉斯·麥克阿瑟（Douglas MacArthur）將軍指揮西南戰區，目標是解

放新幾內亞、索羅門群島、菲律賓、婆羅洲、俾斯麥群島（Bismarck Archipelago）及荷屬東印度；切斯特・尼米茲（Chester Nimitz）上將則負責太平洋戰區，帶領部隊實行大規模的「跳島」戰術，登陸許多防禦嚴密的島嶼，並剷除島上的敵軍勢力，一路從太平洋中部逼近日本本島。日方遭到美軍及緬甸的英國暨大英國協聯軍夾擊，另一方面還得應付中國（中日之戰在1937年便已開打），猶如陷入國際圍剿，只能在夾縫中求生存。

太平洋地區1943年11月至1945年8月間的戰役殘暴至極，就連幾乎只有珊瑚礁的小小孤島都成了血腥戰場，由於日軍誓死奮戰，美國部隊也一再承受許多傷亡，譬如在1943年11月20至23日的塔拉瓦戰役（Battle of Tarawa）中，美日為了爭奪長僅四公里，最寬處也才720公尺的一小塊土地，就各折損了1696及4690名兵力（日軍僅17人遭俘）；至於規模較大的硫磺島戰役（Battle of Iwo Jima，1945年2月19日至3月26

登陸硫磺島的美軍普遍都經歷過駭人的戰況。這張照片中的履帶登陸車（landing vehicle tracked，簡稱LVT）在砲火攻擊下勉力前進，士兵則試圖以火山黑土作為掩護。

日）及沖繩島戰役（Battle of Okinawa，1945年4月1日至6月22日），則如末日一般血流成河，光是沖繩一戰就造成約2萬名美軍及11萬日兵喪生；在西南太平洋戰區，麥克阿瑟的部隊也曾遭遇同等重創：1945年2月，雙邊為了爭奪馬尼拉而在菲律賓打了一個月的都市戰，最後6000士兵身亡，平民更死了10萬人。以戰略而言，日本的神風特攻隊軍機經常對美國入侵艦隊發動自殺式攻擊，而步兵在孤注一擲時，也會置生死於度外地祭出「萬歲衝鋒」（banzai charge）。

不過在許多城市遭到無情戰略轟炸，還有約200艘戰艦及1000多艘商船被美方的高效潛艇擊沉後，日方也逐漸身陷困境，越來越沒有施展空間。話雖如此，最後為太平洋戰爭劃下句點的，並不是什麼激烈絕倫的陸戰，而是兩顆怪物級炸彈。1945年8月6日，原子彈在廣島（Hiroshima）街道上空約580公尺處引爆，整座城市瞬間毀滅，幾秒內就死了約莫8萬人，而長崎也在8月9日遭遇相同命運。這兩顆原子彈是透

西元1945年5月11日，美國碉堡山號航空母艦（USS Bunker Hill，代號CV-17）於30秒內在日本東南部的九州（Kyushu Island）外海被2架神風特攻隊軍機擊中，隨後燒成熊熊烈焰。該次攻擊共造成372死264傷。

過美國自1942年開始執行的曼哈頓計劃（Manhattan Project）製成，傾刻間就顛覆戰局，也讓日本在8月15日宣告投降，並於1945年9月2日在停靠於東京灣（Tokyo Bay）的美國密蘇里號戰艦（USS Missouri）上簽訂《降伏文書》（Instrument of Surrender），二戰就此告終。

第二次世界大戰完全體現了「總體戰」的定義，部隊不僅與敵軍交戰，也開始攻擊平民，可見「敵人」的範圍有所延伸，只要國家參戰，就沒有任何人能置身事外，甚至整個社會都必須動員起來支援作戰。二戰最後的全球總死亡數無法確知，但如果按常理計入戰爭相關疾病及飢荒奪走的1900至2500萬條性命，那麼應介於7000至8500萬之間，而且有四分之三都是平民，可見總體戰對百姓造成多大的威脅。

由於武器威力越來越強（尤其是裝甲、火砲、戰機、軍械、小型槍枝及地雷），再加上工業進步讓量產成為可能，而且各國也都下定決心要戰到敵方崩盤或投降為止，所以二戰才會造成如此鋪天蓋地的毀滅。這場戰爭重塑了世界地理版圖，也徹底改變全球的政治生態，不過兩大陣營雖已宣告休戰，接下來的50年卻也不是什麼太平盛世。

史上第一顆戰爭用原子彈在1945年8月6日引爆後，廣島徹底被夷為平地，其他許多日本城市也因傳統轟炸行動而承受了類似的慘況。

第 6 章

冷戰

二戰的結束讓已經十分厭戰的全世界都皆大
歡喜，但在許多人眼中，接續而來的冷戰只
是以不同形式延續了戰爭，甚至還埋下禍
根，導致新的衝突在不久後再度爆發。自
1945 年到蘇聯 1991 年垮台期間，世界各地
總有以各種名目開打的戰爭肆虐，幾乎沒有
一天例外。

在1975年時，蘇聯已有50師的坦克部隊，圖為T-72主力戰車轟
隆隆地行駛於俄羅斯的街道。俄國經常利用這種閱兵儀式來向
西方觀察家展示最新軍備。

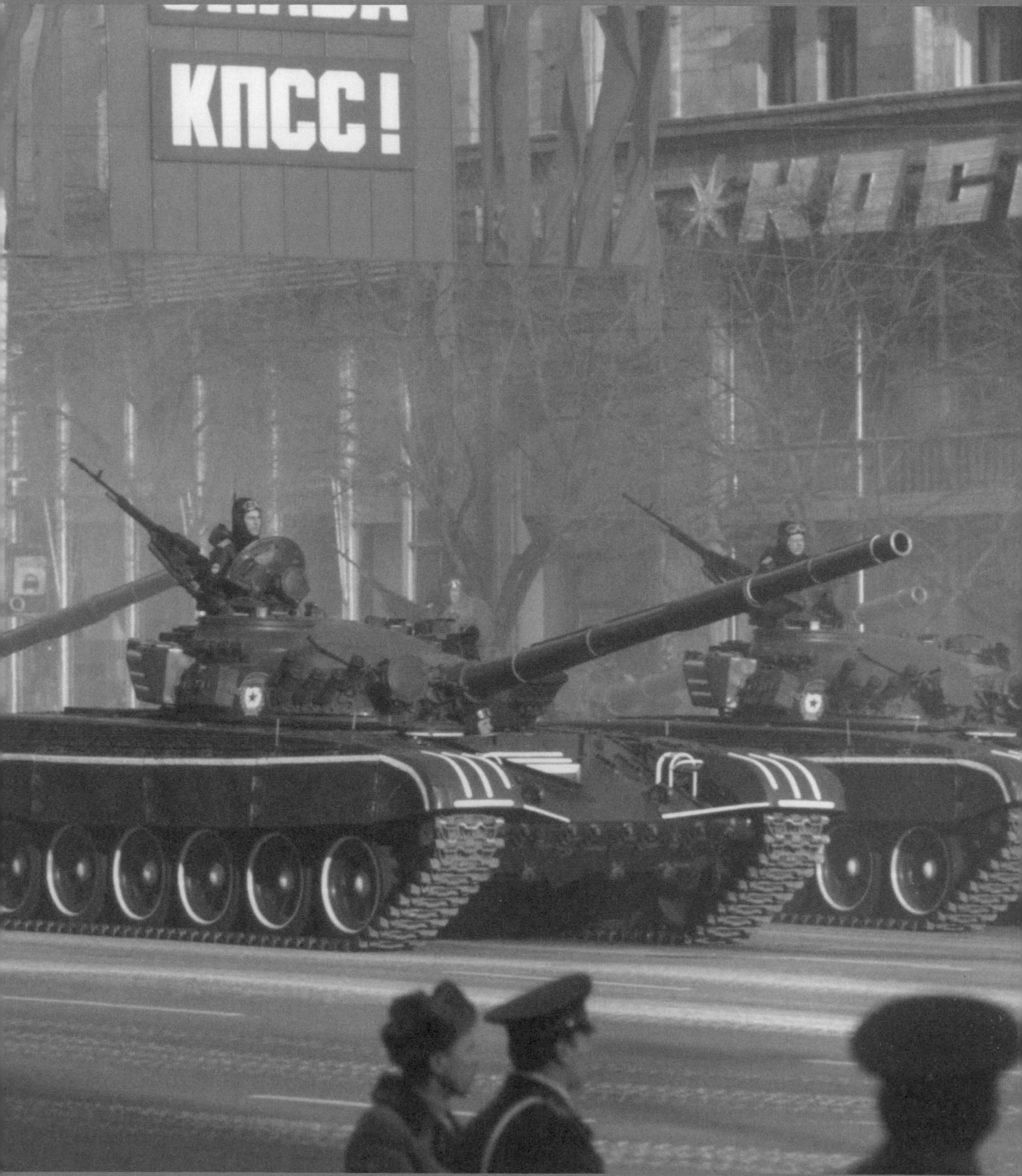
КПСС!

冷戰從1947延續至1991年，是戰爭史上很奇特的一段時期，在這段期間，世界分裂成以超級強權美國為首的西方資本主義陣營，以及信奉共產主義的蘇聯和東方集團（Eastern Bloc），雙邊因理念分歧而打對台，緊繃情勢不僅侷限於北半球的第一世界，也滲透到許多國家、地區與各大洲，在全球形成意識形態斷層，在蘇聯與西方的關係越發緊張的狀況下，甚至好幾次都差點要全面開戰。

幸運的是，冷戰發生在核子武器的年代，所以美蘇兩大強權都相當謹慎，未曾直接開火，而是在世界各地公開或暗中支持第三方國家參與各種代理戰爭（proxy war），從低層級的小型暴亂到大規模的正規國際交戰都有。此外，後殖民時代的民族主義和極端宗教主義也造成大大小小的衝突，再加上因激烈恐怖主義而起的攻擊行動越來越多，二戰後的世界仍不得安寧。

戰爭新武器

在1945年後的那50年內，作戰方式因人為政治動機和新式科技而歷經了重大改變。二戰結束時，美國還是全球唯一擁有核武的超級強權，因此在戰略上擁有遠勝於蘇聯的壓倒性優勢，但在1949年8月29日，蘇聯卻在哈薩克的塞米巴拉金斯克基地（Semipalatinsk Test Site）試爆首枚核彈，從此改變了國際勢力的平衡，也帶動了核

法國於1970年7月3日進行第4次的熱核測試，在法屬玻里尼西亞的方加陶法環礁（Fangataufa）上空引爆了一枚具有914千噸當量的核武彈頭。

圖中的SM-65擎天神飛彈（SM-65 Atlas）是第1枚為美軍服役的洲際彈道飛彈，於1959至1965年間使用，另也用做太空運載火箭，表現同樣相當亮眼。

武的軍備競賽，各國不僅比彈頭數量，投擲用的載具也必須較量。一開始，原子彈是由重型轟炸機投射，換言之，戰機必須飛入敵軍領空才能扔出炸彈，而執行這類任務的通常是體積龐大的怪物級轟炸機，如B52同溫層堡壘（B-52 Stratofortress）和圖波列夫Tu-16（北約代號「Badger」，是「獾」的意思），不過隨著核彈變得越來越精巧，速度較快的單人或雙人噴射機也開始能擔任載運工作，且能靈活閃躲敵軍的空中防線，發揮敏捷優勢。

不過，誕生於1950年代的洲際彈道飛彈（intercontinental ballistic missile，ICBM），才是投擲領域最重要的發明。在1944及1945年，德國的V-2火箭已讓全世界見識過彈道飛彈的威力，但核武的射程與破壞力都已不可同日而語，再與ICBM（早

AK-47步槍和其多樣化的衍生型都因準確度驚人,且廣泛
用於全世界而聞名。許多人對這種槍型有所誤解,但其實
AK-47的火力和多數的突擊步槍不相上下。

期有蘇聯R-7和美國擎天神等類型)結合後,美蘇兩大強權和雙方各自的盟友都很清
楚,核子戰爭一旦爆發,勢必會引致玉石俱焚的局面。因此,全球在1960年代進入了
「相互保證毀滅」(Mutually Assured Destruction,MAD)紀元,基本上就是維持在
誰都不出手的僵持狀態,因為只要有人破壞平衡,使用核子武器,那麼全人類大概在
幾小時,甚至數分鐘內,就會幾乎完全毀滅。

核武的威脅雖讓世界蒙上陰影,卻也驅使各國在冷戰期間持續研發相關科技,
以求強化傳統正規戰的戰力,其中有些發展看似微不足道,但其實對二戰後的世
界安全產生了深遠的影響,由米哈伊爾・季莫費耶維奇・卡拉希尼柯夫(Mikhail
Timofeyevich Kalashnikov)發明的AK-47步槍就是最典型的例子之一。AK-47是最早
的突擊步槍,比起衝鋒槍已有所改良,但又不如後來稱霸小型槍械領域的成熟步槍,
不過基本配備都有,極為耐操,威力強大又容易使用,所以在1949年成了蘇聯武裝部

在1979至1989年的
蘇聯-阿富汗戰爭
(Soviet–Afghan
War)中,美國為聖
戰軍(mujahideen)
提供許多便攜式的
FIM-92刺針地對
空飛彈(FIM-92
Stinger),讓這些
叛亂分子用於抵禦
蘇聯空襲。

隊的標準步槍。在那之後，AK-47便以驚為天人的規模量產，估計現在約有1億把AK型號的槍枝（含衍生型和各地自行製造的版本）流通於世界各地，是人類史上產量最高的武器，也因此普遍而廣泛地用於許多戰爭。

除了小型槍械外，影響陸戰最大的兩個決定性因素仍是步兵與裝甲，步兵雖然多了手持式槍枝可用（西方國家也已開始採用突擊步槍，如美國的M16），但作戰方式仍與二戰時大致相同，改變之處在於反戰車引導飛彈（anti-tank guided weapon，ATGW）的功效遠勝從前，最早的類型包括法國SS.10和英國／澳洲的馬爾卡拉（Malkara）。ATGW一開始是採指揮導引機制，借助附操縱桿的控制器瞄準目標，但經過長久發展後，在1990年代新增了「射後不理」（fire-and-forget）的自動導向功能，讓步兵團即使遠在幾千公尺外，都能摧毀重型裝甲；此外，高效的地對空飛彈（surface-to-air missile SAM）系統也登上戰爭舞台，可大規模設置於定點或架設在交通工具上，用以進行遠程截擊；另一方面，美國的「紅眼」（Redeye）和蘇聯的9K32「箭-2」（9K32 Strela-2）等可攜式防空飛彈（Manportable Air-Defense System，MANPADS），則可扛在肩上直接對低空飛行的戰機發射。

1986年9月，英國酋長式戰車（Chieftain tank）在德國進行演練。在冷戰時代，戰略專家認為西方陣營和蘇聯的裝甲部隊可能會在中歐平原發生大規模衝突。

麥克唐納-道格拉斯F-15鷹式戰鬥機（McDonnell Douglas F-15 Eagle）是近代最成功的高效戰術戰鬥機之一，贏過百餘場空戰，且毫無敗績。

　　裝甲設備在冷戰期間也大有進步，尤其是射控系統、槍枝穩定性（第一輪就擊中目標的機率大幅提升）、靈活度、兩棲作戰能力，以及面對核能、生物及化學（NBC）攻擊時的抗阻性及存活率，都有長足的進展。新型的輪式及履帶式裝甲戰車也開始服役，包括裝甲運兵車（armoured personnel carrier，APC，譬如隨處可見的美國M113），以及現在所謂的步兵戰鬥車（infantry fighting vehicles，IFV）。APC就像「戰場計程車」一般，可將士兵運往不同地點，至於IFV則不僅可以載兵，也配備砲塔與飛彈，即使是面對主戰坦克（main battle tank，MBT）都有辦法應戰。

　　不過如果要說正規戰的哪個層面變化最劇烈，答案大概非空戰莫屬。噴射機雖然在二戰期間就已誕生（如Me262等德國戰機），但速度、作戰性能和原始威力在戰後都達到可觀新高度，幾乎沒有任何戰鬥機型繼續使用舊式的渦輪螺旋槳發動機。以冷戰時期極具代表性的麥克唐納-道格拉斯F-4E幽靈戰鬥機（McDonnell Douglas F-4E Phantom）為例，其最高速度可達2.3馬赫（約等同於時速2840公里），且兩人座的機體可乘載多達8480公斤的火砲，是二戰B-17空中堡壘轟炸機（可容納10名機組人員，最高時速462公里）的兩倍；其他指標性噴射機則包括蘇聯MiG-21、英國閃電式戰機（Electric Lightning），以及法國的幻象F1型戰鬥機（Dassault Mirage F1）。這些機型可裝載的軍械總量同樣大幅躍進，導向式空對空飛彈（air-to-air missile，AAM）可從數十公里遠處追蹤並擊毀敵軍戰機，精準制導武器（precision guided munitions，

PGM）也越來越多，可將砲彈投擲到距離目標僅僅幾公尺遠處。不過在1990年代前，戰用炸彈多半仍不具導向機制，僅以隨機方式投射，也稱為「啞彈」（dumb bomb）。

在冷戰時代的海上戰場，重砲戰船終於紛紛退役，海面仍由航空母艦制霸，美國海軍更在1961年引進企業號（USS Enterprise，代號CVN-65），開啟了核動力超級航空母艦的時代。這種巨型戰艦多半屬尼米茲級（Nimitz-class），可載運90多架戰機，由核反應爐發電提供推力後，可運行20年都不必添加燃料，所以航程幾乎毫無限制。此外，有些潛艇也開始以核能作為動力來源，最早的是在1954年啟用的美國鸚鵡螺號（Nautilus，SSN-571）──如果要說有什麼創舉比核能發電的水面艦艇更具革命性，

美國的尼米茲號航空母艦（USS Nimitz，代號CVN-68）於1972年5月3日開始服役，是同級別共10艘核動力超級航空母艦之中的第一艘。本書寫成時，尼米茲號仍在役，但預計於2022年前後退役。

中國共產軍領袖毛澤東。他針對革命戰及游擊戰研擬出許多創新原則，對戰爭型態的影響延續至今，其中，他以「持久戰」對付強敵的策略又特別著稱。

那大概就是核能與潛艇的結合了。動力來源改變後，核子潛艇可以在水下巡航好幾個月，潛行於敵軍地盤也不會被發現；此外，在1950年代末期，史上首批可從水下發射核能彈道飛彈的潛艇也開始服役，所以時至1960年代，單是一艘潛水艇就足以在統合式攻擊中摧毀掉好幾座城市。

不過，在本章接下來的段落實際探討冷戰時期的戰爭與戰役後，各位就會發現改變戰場樣貌的並不只有科技而已。雖然二戰後的世界充斥傳統型的正規戰，但是游擊戰、叛亂與恐怖攻擊也十分猖獗。這些低階的作戰方式自人類爭戰之初就已存在，但在1945年後變得頗有組織，甚至搖身成為足以帶來最終勝利的正規戰略，對此，中國的毛澤東和越南的胡志明貢獻特別大。1950至1980年代是革命紀元，各種意識形態強烈衝突，而且在叛亂行動及恐怖主義盛行的風氣下，即使是最弱勢、最欠缺裝備的團體，也能取得全球的注意力。在這段時期，世上多數國家都不時會遭受恐怖主義威脅，幾乎沒有哪一處能倖免於難。

⊙ 電腦化與戰爭

以上討論的各項武器之所以能如此進步，多半得歸功於電子科技在20世紀下半葉的巨幅發展，而數位化電腦技術的崛起和微型數位元件的發展又特別有貢獻。單片式積體電路（也就是微晶片）以及內儲程式型的數位電腦都在1950年代誕生，衛星導航系統於1960年代問世，另外，高等研究計劃署網路（Advanced Research Projects Agency Network，簡稱ARPANET）也在1969年成形——從許多角度來看，軍用的ARPANET都可視為網路的前身。這些軍事科技發明確實影響一般民眾的生活許多，但更是資金充裕的專業軍隊逐漸推動翻轉性變革的核心：比起前幾代的軍械，武器的準確率與致命性都已達到前所未見的高度，而指揮、管制及通訊機制的觸及範圍與效率也比過往都來得進步，因此，世界各國的部隊即使在不同場域作戰，也能安全地協調溝通，所以如果真要探究哪個領域的進展對二戰後的戰爭形式影響最大，那大概就是通訊科技的革新了。

中國與韓國

　　二戰發生時，中國其實正處於內戰，國民革命軍和共產黨自1927年起便已開始捉對廝殺，待日本入侵失敗後又再度槓上。就客觀條件而言，以蔣介石為首的國民黨較具優勢，其麾下的國民革命軍人數在1946年是共產黨的中國人民解放軍的3倍，結構正規且握有較多武器，還有美國資助國民政府的4億美金，但卻軍紀腐敗、士氣低落且行為不檢點，所以毛澤東的解放軍很快就搶占了道德制高點。出身農民之家的毛澤東思想激進，一手打造出鬥志高昂的軍隊，士兵即使在戰場上屢受重創仍堅持不懈，也越發博得中國平民的好感。他致力宣揚革命戰爭的教條，在他看來，即使是低階的叛亂行動，也能逐步發展為正面交鋒的大型戰役，讓他的軍隊逐步邁向勝利。

　　在1946至1947年，國民革命軍在許多大型進攻行動中告捷，似乎氣勢如虹，但中國人民解放軍越來越強勁，1948年9月至1949年1月在山東省大勝；至1949年1月10日為止，革命軍已喪失25萬兵力，還有好幾萬人倒戈叛逃，加入敵軍。1949年1月15及22日，解放軍分別攻陷天津和北京，並在1948年4月至1949年4月間逐步剷除國軍在中

行進中的國民革命軍。在與共產黨對戰時，革命軍因軍紀腐敗、士氣低落及士兵叛逃，所以表現極不理想。

國南部的抵抗勢力，導致國民黨殘餘的高層只得在12月10日逃往有「福爾摩沙」之稱的台灣。當時，毛澤東已公開宣布勝利，並在1949年10月1日建立了中華人民共和國。

在1945至1950年間，美國已為了阻擋共產主義在全球散播，而四處提供物資與金援，但到了1950年，則乾脆直接派軍參戰，抵制共產勢力。當年6月25日，北韓的朝鮮民主主義人民共和國在蘇聯與中共的扶植下，入侵了北緯38度線以南的大韓民國（Republic of Korea，ROK）。這條分界線是日本侵略部隊在1945年被驅逐時草率劃定的，從那時開始，朝鮮半島北側便成了共產陣營，38度線以下則是隸屬資本陣營，且有美國撐腰的南韓。美方見北韓出手，趕忙將正在日本執行任務的部隊調派至此，試圖力挽狂瀾，結果卻慘遭痛擊，和大韓軍一同被逼退到極南的港口城市釜山，僅能以外圍的一小塊區域為基地。很快地，聯合國便派出多國部隊支援，最後共有英國、澳洲、加拿大、法國等超過16個國家參戰。

　　這場仗打到最後，共產紅潮終被翻轉，主要得歸功於聯合國部隊的指揮官麥克阿瑟將軍膽識過人，於1950年9月15日派軍至仁川港進行兩棲包抄行動，立下了大功。在那之後，聯合國軍開始向北推進，終將朝鮮人民軍逼回北韓，還搶占了首都平壤，並繼續朝中韓邊界上的鴨綠江進攻。但就在勝利已如囊中物時，備感威脅的中國卻於1950年11月派出數十萬的人民解放軍穿越邊境，提供支援，導致戰況嚴重加劇，並在接下來的幾個月內一一攻下聯合國占領的地區，同時也深入半島南部，不過，聯合陣營以大量火砲回擊，設法擋下了紅軍攻勢並反守為攻。換言之，雙邊不斷拉扯進退，

在國共內戰期間，國民革命軍於1948年12月朝蘇州戰線行進，傷兵則往反方向撤退，雙方行經的路上都放滿擔架，架上盡是死傷。

麥克阿瑟將軍膽識過人，在韓戰期間派遣美軍的兩棲部隊從仁川登陸。由於潮汐漲落的緣故，每天只有6個鐘頭的時間可以上岸。

對戰力消耗甚大，而且打到1951年時，雙邊仍各據北緯38度線兩側，僵持不下，情勢和開戰前並無二致。在接下來的兩年內，大小戰役仍斷續發生，一直到停戰協定於1953年7月27日簽訂，韓戰才完全結束——在二戰後的首場意識形態對決中，雙方陣營幾乎都毫無所獲。

在這張驚人的相片中，我們可以看到中國部隊在1952年10月的三角高地戰役（Battle of Triangle Hill）中朝韓美聯軍猛丟石頭。美國與韓國雖然激戰了一整個月，但最後仍被迫中止進攻。

東南亞

第一次印度支那戰爭

東南亞的多數地區和韓國一樣，在二戰期間都曾被日本占領，大戰結束後也見證了民族主義的崛起、分裂派系的對峙，以及意識形態的分裂，而這些因素更引發了1945年以後歷時最久，也最具毀滅性的幾場鬥爭。

在日軍進占以前，現今的越南、寮國和柬埔寨其實都是法屬殖民地，統稱「印度支那」（French Indochina），在日本占領期間，續留在當地的殖民地官員受控於聽命納粹的維琪政權（Vichy regime），所以未有任何行動，反倒是共產黨的越南人民解放軍（Vietnamese People's Liberation Army，VPLA）起義抗日，而帶頭的正是在20世紀地位崇高的革命領袖胡志明，以及他手下的能幹將領武元甲（Vo Nguyen Giap）。因此，法國在1945年末企圖收復印度支那時，越南獨立同盟會自然很不樂見國家再度全盤落入殖民者手中，之後便與法軍開戰，並打了整整9年。

印度支那戰爭（French Indochina War）與韓戰一樣，吸引了世界強權插手干預。美國無論在何處發現共產主義散播，都急切地想制止，所以選擇支持法國，且提供的金援與資源越來越多；另一方面，越南獨立同盟會則有蘇聯撐腰，而中華人民共和國也在1949年的建國大業即將完成之際加入支援行列。越軍在北方邊境多了中國共產黨這個有力的盟友，加強了物流，也因而能在許多地點安全地進行基地建置與訓練工作。

越南獨立同盟會遵照革命戰的守則，前5年多半採行激烈的游擊打法，主要活躍於印度支那北部，打到1950年時，已大致掌控整個地區；反觀法軍則難以平息這些叛亂，雖然祭出一連串的血腥鎮壓，但敵方的戰略仍越發大膽，野心更是有增無減。1951年，武元甲決定在紅河三角洲（Red River Delta）全面進攻，但主要攻勢卻在法國的防禦據點被攻破，雙方僵局依舊。

武元甲是近代軍事史上最具影響力的將領之一。他率領越南共產黨部隊在1945至1954年間的第一次印度支那戰爭中戰勝法國，並於1954至1975年間打敗南越與美國。

法國偵查兵在1954年蹲伏於奠邊府外圍，觀察敵方動靜。第一次印度支那戰爭打到最後，其實已失去西方國家多數民眾的支持，後來的越戰也一樣。

　　到了1953年，法國為打破僵持不下的局面，決定起用高風險的新式策略，在11月將傘兵空投至遠在同盟會領地中心的偏僻村莊奠邊府（Dien Bien Phu），企圖從空路重新補給（法方的工程技師重啟了一條現有的飛機跑道），建置一系列的作戰據點，並部署大量火砲，藉以鞏固戰略位置，同時逼迫敵方正面作戰，希望借助較強的火力以及在不遠處待命的空軍取得優勢。不過，這個計劃的致命缺陷在於法方完全低估了對手——越南獨立同盟軍光靠蠻力，就硬生生地拖著幾百門大砲穿越叢林，架設在奠邊府四周的山丘上，並於對戰期間以15萬發砲彈大肆轟炸；此外，更派出數萬名步兵參與此役，所以很快就包圍了奠邊府的法國部隊。

　　後來，奠邊府圍攻戰成了法國現代軍事史上難以抹滅的慘痛事件。在那兩個月期間，越南獨立同盟會雖死傷眾多，但法國防禦陣線也逐步瓦解，漸漸地，所有作戰據點都在步兵的襲擊下落入共產軍手中，法軍也被擠壓至極為細窄的一小塊土地，最後奠邊府在1954年5月7日淪陷，原本威名顯赫的法軍也顏面掃地。在參戰的1萬5709名法國士兵中，共有1700多名喪命，還有1萬1700名遭俘，且戰俘中有4400人負傷，

只有73人成功逃脫。奠邊府一役失利後，法國喪失了印度支那的統治權，寮國、柬埔寨及越南也相繼獨立，唯後者沿北緯17度線暫時分裂為北越，以及南方的越南共和國（Republic of Vietnam，RVN，由美國扶植），尚待進行統一及選舉，不過在接下來的20年內，兩越非但沒能重修舊好，還再次陷入了長達20年的戰爭。

越戰

越戰（Vietnam War）對美國軍事史帶來決定性的重大影響，許多政治人物與戰略專家至今仍引以為戒。在統一失敗的情況下，南越的共產黨叛亂越來越多，而且由於政府腐敗，越南共和國陸軍（Army of the Republic of Vietnam，ARVN）疲弱，所以情況一時難以遏止。當時仍致力維護意識形態，阻擋共產主義在全球散播的美國見狀後，照例提供了大量金援與物資讓南越使用，並增派軍事「顧問」，但在1960年代上半葉，許多人其實都親自涉戰，並不只是擔任顧問而已。1964年8月，北越的高速攻擊艇在師出無名的情況下，於北部灣（Gulf of Tonkin）對美方運輸艦發動攻擊，美國因而通過北部灣決議案（Gulf of Tonkin Resolution），授權總統林登·詹森直接派兵進駐戰區。後來，別稱越共（Viet Cong，VC）的民族解放陣線（National Liberation Front，是以南越為基地的叛亂團體）於1965年對美軍基地發動攻擊，詹森

奠邊府戰役（1954年）的空拍照。這場戰役進行時，美國一度考慮要對越南獨立同盟會發動空襲，以搭救法國的防禦部隊。

在滾雷行動中，美國的F-105雷長戰鬥機（F-105 Thunderchief）在雷達控制下與道格拉斯B-66毀滅者轟炸機（Douglas B-66 destroyer）齊飛，要對北越南部的攻擊目標丟擲炸彈。

也因而首度派兵出師越南，不過這數旅的部隊還只是大規模揮軍的開端而已。時至1965年末，已有18萬4300名美軍駐越，1968年底時人數更達顛峰，來到53萬6100人。

因此，AVRN在前線作戰時，還享有美國陸軍、空軍、海軍及海軍陸戰隊的全力支援（在越戰期間，AVRN的兵力其實遠多過美方，也負責執行許多作戰行動，但卻經常因為大眾聚焦討論美國的角色而被忽略），至於對立陣營則有兩大敵人：經由寮國及柬埔寨的胡志明小徑（Ho Chi Minh Trail），日益滲透南越的越南人民軍（People's Army of Vietnam，PAVN，是北越的常備部隊），以及常與PAVN密切合作的越共叛亂軍。1965至1968年，美國瞄準北越的基礎建設，透過滾雷行動（Operation Rolling Thunder）進行猛烈轟炸，在南越則執行一連串的搜索並殲滅（search-and-destroy）任務，盼能搜出所有PAVN及VC小隊和據點並全數消滅。整體而言，美越聯軍的策略雖有很強的侵略性，但也相當模糊，美國軍援越南司令部（Military Assistance Command, Vietnam，MACV）的最高指揮官威廉‧魏摩蘭（William Westmoreland）上將把兵力集中投入於消耗戰，也就是純粹以死亡人數決定成敗的戰爭型態，但越共分子和一般民眾並不容易分辨，所以搜索並殲滅行動經常導致平民社區死傷慘重。行動的初衷明明是要保護民眾，防止他們落入共產黨的魔爪，結果反而導致越南人民對美軍產生反感，而這樣的現象也進而激起美國國內和國際社會的反戰浪潮。許多歷史學家指出，美方在越戰期間雖戰無不勝，卻始終難以博得大眾的信任，這主要是因為PAVN及VC聯軍仍設法透過埋伏、陷阱及狙擊行動，逐步造成美方大量死傷，最後共有5萬8163名美國士兵死於這場戰爭。

⊙ 直升機戰爭

在越戰之前，直升機便已用於戰場，但這場戰爭對於螺旋槳式直升機的依賴可說是前所未見，士兵能以「師」為單位同時搭機移動，猶如空中機動部隊，換言之，軍隊一次就能將幾千人送到偏遠地區進行大規模突襲行動。另一方面，越戰戰場多半是地形複雜的叢林與山區，所以貝爾UH-1休伊直升機、波音CH-47契努克（Boeing CH-47 Chinook）及塞考斯基CH-54塔赫（Sikorsky CH-54 Tarhe）都提供了物流上的彈性，也讓美軍得以執行「錘鉆戰術」（hammer-and-anvil tactic），一方面部署進攻小組（鐵錘），同時也在另一地點安插如鐵鉆般具防禦功能的阻擊小隊，雙管齊下夾擊敵軍。此外，AH-1G眼鏡蛇（AH-1G Cobra）等攻擊型直升機也應用於越戰中，因配有火箭、大砲及機關槍，所以能從空中開火；不過，直升機也具有醫療救援的正向用途，駕駛常會飛入激烈的槍林彈雨中執行搭救任務，美越聯軍共有數千名傷兵都因而獲救。

美國陸軍的貝爾UH-1D休伊直升機在1966年的一場搜索並殲滅行動中，於南越紂支（Cu Chi）的東北方載運第14步兵團的士兵。

2名美國海軍陸戰隊
士兵於1968年在順
化出任務,因為預
期會打近身戰,所
以M16步槍上裝了
刺刀。

西元1968年，發生在順化市內及周遭的街頭巷戰，與美國前3年多半在郊區及荒野地帶進行的攻擊呈現強烈對比。

　　以搜索並殲滅及叛亂行動掛帥的階段在1968年1月結束後，當時仍執掌共軍指揮大權的武元甲發動了全國性的新春攻勢（Tet Offensive），希望煽動南越人民起義，沒想到幾個月內就被剿平，而且這次戰線全面展開，態勢兇殘，包括順化（Hue）在內的許多城市都淪為戰場，雙方也都出動坦克，溪生（Khe Sanh）的空軍基地更遭圍攻。雖然PAVN在新春攻勢中死傷慘重，VC也幾乎徹底滅亡，但戰況之激烈，讓美方認為即使已出軍鏖戰3年，越戰仍是不可能打贏的仗，所以理查·尼克森總統（Richard Nixon）在1969年上任後便逐漸縮減兵力，透過所謂的「越戰越南化」（Vietnamization）交還戰爭主權，留下ARVN獨自苦戰。

　　自1970至1975年，PAVN繼續大肆進攻，其中規模最大的是1972年的復活節攻勢（Easter Offensive），而有美國撐腰的ARVN則入侵柬埔寨與寮國，企圖截斷共產軍的物流供應。然而，美方在1973年完全撤回作戰部隊，導致南越幾乎孤立無援，最後PAVN勢力在1975年達到巔峰，不僅攻破ARVN陣線，也在4月底拿下西貢（Saigon），至於美國的外交、軍事及安全負責人員，則毫無羞恥心地直接從屋頂上搭直升機逃亡。南越雖然曾有世上最強的勢力支援，但仍難以抵擋共產主義入侵，在1975年正式與北越統一，成為共產越南的一部分。

美國B-52同溫層堡壘轟炸機在後衛突襲行動（Linebacker raid）中，於北越上空投下了數量驚人的炸彈，每台轟炸機乘載的軍火總量可達3萬2000公斤。

中東

　　自1945年起，中東就不幸地一直處於戰爭狀態，幾乎未曾間斷。此地在宗教、文化與領土利益方面的對立似乎就是無法消除，導致鬥爭不斷，再加上殖民者撤離、外國強權干預，而且當地又蘊藏極為重要的石油資源（中東的產油量占全球35%，石油儲備量更高達70%），所以局面更是越演越烈。

以阿戰爭

　　中東地區的戰爭成因很多，但以色列與阿拉伯鄰國間的關係一觸即發，引爆了最多血腥衝突。原是英屬巴勒斯坦託管地（British mandate of Palestine）一部分的以色列在1948年5月14日建國，以猶太人的家園自居，結果周遭的阿拉伯國家馬上抗議，還企圖消滅這個新鄰居，換句話說，以色列從獨立的那天起就已面臨戰爭。

　　第一次以阿戰爭（The First Arab-Israeli War）從1948年5月打到1949年7月，由尚處於起步階段的3萬人以色列國防軍（Israel Defense Forces，簡稱IDF）對戰埃及、伊拉克、黎巴嫩、敘利亞、約旦及巴勒斯坦阿拉伯聯軍的武裝部隊，結果IDF憑著傑出的軍事技巧與高昂的士氣獲勝，還收復阿拉伯陣營一開始攻下的許多地區，雙邊在1949年7月因聯合國介入調停而停火時，以國已控制先前的英屬巴勒斯坦託管地

第一次以阿戰爭（1848年）的以色列士兵。這張照片顯示以軍當時的裝備是多麼簡陋。

全境，包括約旦河西岸地區（West Bank）及加薩走廊（Gaza Strip），而此役的打法後來也成了IDF一貫的作戰風格。

以色列雖然贏得了一時的安寧，但與阿拉伯鄰國的邊境上仍經常發生小型爭鬥與衝突，到了1956年，雙邊再度全面開戰，原因在於埃及總統賈邁勒・阿布杜拉・納瑟（Gamal Abdel Nasser）下令封閉阿卡巴灣（Gulf of Aqaba），導致以色列無法從南部港口埃拉特（Eilat）運送物資，而且還將當時由英國及重要法國投資人共有的蘇伊士運河國有化。以方深怕埃及計劃再次出兵，又擔心海洋貿易持續受制，所以與英法密謀，希望能與兩國偕同解決問題，其中英國極欲奪回蘇伊士運河的所有權，因此特別樂意幫忙。就這樣，IDF在1956年10月29日入侵西奈半島，逼退埃及部隊，英法也聲明願意不惜介入，以奪回並保護運河，只不過表面上的說詞是要確保國際船隻在戰爭期間仍可順利通行。後來，志在必得的IDF勇猛推進，成功拿下西奈半島，但英法聯軍仍在當年10月31日，於塞得港（Port Said）及蘇伊士運河上空開始進行大規模部署。

這場事件後來演變成蘇伊士運河危機（Suez Crisis），引發國際社會的強烈譴責，對於英法的干預，美國和蘇聯這兩大

以色列戰車於六日戰爭期間在西奈半島上推進。在該場戰役中，IDF的裝甲軍團表現穩定，在戰術與火砲使用上都極具優勢。

超級強權、英國國會及伊斯蘭世界的多數國家都極為不滿，英方也承受沉重的財務及外交壓力，不得不停戰。就這樣，英法在眾家反對下低頭，並在美國與聯合國於11月7日介入要求停火後，被迫從蘇伊士運河撤軍；另一方面，以軍也在1957年3月從已征服的西奈半島撤退，但仍成功達到打通阿卡巴灣，讓貨船重新通行的主要目的。

在以阿鬥爭史中，前一役經常是下一戰的導火線，而這次也不例外。危機落幕後，埃及一直想找機會重振在中東的地位，於是在1967年5月驅逐了美國派駐當地的和平使者，隨後，阿拉伯各國聯軍更大量集結至以色列邊境，似乎已做好進攻準備，而阿卡巴灣也再度禁止以方船隻通行。以國政府見狀後，認為最好先發制人，所以在1967年6月5日發動攻勢，並展現了幾乎無可挑剔的高超戰法。

以方先在清晨對阿拉伯空軍發動致命空襲，僅幾小時內就摧毀數百架戰機，埃及才打完第1天，就幾乎已喪失所有軍機。接著IDF的大量裝甲部隊及步兵團越過邊

在1973年的贖罪日戰爭（Yom Kippur War）中，埃及軍利用新配備的AT-3火泥箱線導向式反戰車飛彈（AT-3 Sagger，照片前景），使以色列的裝甲部隊損失慘重；位於照片背景的則是RPG小隊。

境，雖然在多處陷入苦戰，但仍以經常出人意料的靈活戰略決策，成功壓制過度集中的阿拉伯軍隊，更擊敗埃及，橫掃整個西奈半島，並占領蘇伊士運河東岸。再往北走，以軍則從敘利亞手上奪得戰略位置重要的戈蘭高地（Golan Heights），並擊潰約旦部隊，進占耶路撒冷東部及整個約旦河西岸地區。這些豐碩的戰果全都是在6月5至10日間取得，所以這波衝突又有「六日戰爭」（Six-Day War）之稱。

在六日戰爭期間，以國成功證明IDF是全球最專業，也最具實戰經驗的現代軍隊之一，不但重塑了中東地區的局勢，更將國土擴增為兩倍之多，並建立出利於防禦的邊界。然而，暫時的和平只是假象，長達3年的以埃消耗戰爭（War of Attrition）馬上爆發，雙方從邊境兩側互相轟炸、突襲，一刻不得安寧；而且自1970年起，新上任的埃及總統穆罕默德・沙達特（Anwar Sadat）開始針對以色列謀劃新一波的攻勢，並在1973年10月6日出人意料地進攻——當天正是猶太教的贖罪日（Day of Atonement，希伯來文稱為「Yom Kippur」）。

埃及此番的進攻手法比先前來得專業許多，先是巧妙透過兩棲突襲行動越過蘇伊士運河，推進至西奈半島，然後再以蘇聯贊助的大量地對空飛彈在當地建置防禦據點，成功壓制住IAF，而步兵則配備上百管的可攜式AT-3火泥箱及RPG-7反戰車飛彈，以迎戰IDF裝甲部隊必然的反擊。面對這樣的情況，IDF損失慘重，阿拉伯陣營似乎一度勝券在握，且開戰初期，贖罪日戰爭的另一大要角敘利亞也在戈蘭高地勇猛進攻，不過兩國都後繼無力，讓重新振作的IDF狠狠抓住戰略漏洞趁勢回擊。在戈蘭高地，裝甲部隊的一場激烈對戰讓敘利亞折損了約900台坦克，以軍也大舉進攻，

以色列士兵在六日戰爭結束之際慶祝獲勝。透過該次進攻，以色列不僅讓可防禦領土翻倍，也證明以軍在戰略上具有壓倒性優勢，完全不是敵方所能企及的。

距離大馬士革僅剩下一天的行進距離；鏡頭轉向西奈半島，謀略不如人的埃及部隊也在大規模的裝甲戰中，慘遭圍攻逼退——10月14日的那場戰役總共出動了2000台坦克。最後IDF終究進占蘇伊士運河，直到美國出面調停，雙方才於10月24日同意停火；這次，阿拉伯陣營又是慘敗。

　　贖罪日戰爭和六日戰爭一樣，並未帶來和平，恐怖行動依舊猖

在1983年10月，美國海軍陸戰隊在貝魯特的兵營被一輛砂石車炸毀。一般相信，車上裝載了約5400公斤的炸藥，引爆後徹底將4層樓的建築夷為平地。

⊙ 兩伊戰爭（IRAN–IRAQ WAR）

　　雖然以色列與阿拉伯國家在20世紀下半葉衝突不斷，但中東地區最嚴重的戰爭其實是發生於伊朗與伊拉克之間，在1980至1988年，雙方的一場大戰奪走了數百萬條生命，還造成幾十萬人受傷。伊拉克的薩達姆・海珊（Saddam Hussein）在1979年7月上台執政後不久，兩伊戰爭隨即爆發，海珊在1980年9月出兵入侵伊朗，表面上是為了爭奪阿拉伯河（Shatt al-Arab）的掌控權，但實則是在中東提升影響力，並於國內擴展政治勢力的手段。當時，伊朗兵力才因不久前的革命而弱化，伊拉克軍又相對比較現代且專業化，所以一開始勢如破竹，但伊朗韌性十足，反擊力道逐步增強，成功擋下了敵方攻勢。就這樣，兩伊戰爭大體

陷入煉獄般的僵局，雙方都不斷進擊，但成效有限，人員傷亡慘重，卻難以攻占任何領土，甚至還起用了化學武器，最後是因聯合國在1988年8月出面調停才休戰。即便如此，伊拉克仍野心勃勃地想奪取中東地區的大權，1990年更再度舉軍入侵科威特（詳見下章）。

在兩伊戰爭期間，伊拉克士兵趴伏在地上，以躲避伊朗的砲火。照片左下角有火焰噴射器，顯示部隊預期會在定點打近身戰。

獵，以色列也持續報復，導致中東地區仍紛亂不堪。1982年6月，以方入侵黎巴嫩南部，企圖驅逐巴勒斯坦解放組織（Palestine Liberation Organization，PLO，是中東最大的反以團體），也希望能打退干預黎巴嫩激烈內戰（始於1975年）的敘利亞軍。IDF擊退敘利亞的空軍防禦部隊後，在空中取得優勢，並穩健地一路推進至黎巴嫩南部，戰略也執行得相當順利，眼見就要進占貝魯特（Beirut），但這時國際社會卻開始施壓，要以色列撤軍，尤其是以國協助基督教民兵組織在夏布拉（Sabra）及夏蒂拉（Shatila）難民營進行大屠殺後，各國更感干預之必要。因此，以色列在1983年撤兵，多國和平團隊也進駐貝魯特，不過當地隨後便發生兩場嚴重爆炸，造成58名法兵及241名美國海軍陸戰隊員喪生。這場慘劇顯示以阿不僅彼此交惡，雙方的鬥爭也可能波及其他國家。

世界各地的其他戰爭

在本章中，我們僅聚焦討論大型國際戰爭，但其實在1945至1990年間，全球有各種各樣的大小戰爭，沒有哪一洲能置身事外，其中許多衝突起因於二戰後以驅逐歐洲殖民者為目的的民族主義運動，也有許多戰爭是獨立後發生的內戰。

舉例來說，英國在馬來亞執行了長達12年（1948至1960年）的反叛亂行動，藉以

英國陸軍在1965年的馬來亞緊急狀態（Malayan Emergency）期間進行偵查。英軍的反叛亂戰略就是在該場事件中發展而成，至今仍是這類軍事行動的典範。

英軍部隊於1975年8月在北愛爾蘭的德里（Derry）鎮壓暴亂。士兵雖然都配備防護盾、警棍及使用橡膠子彈的武器，但同時也攜帶了具致命殺傷力的步槍。

鎮壓馬來亞人民解放軍（Malayan Races Liberation Army，MRLA）的共產獨立運動。事實上，英軍此次出征還算成功，且在過程中發展出高效反叛亂戰略，並累積許多經驗，不過在1957年，英國政府仍決定允許馬來亞獨立。此外，英方也曾在1953至1955年成功壓制肯亞部落發動的茅茅起義（Mau Mau movement），不過該次勝利部分得歸功於當地人以機智而殘酷的手段與英軍合作。最後，肯亞在1963年成為獨立的大英國協主權國家。

不過，英軍有史以來（還不只是20世紀而已）歷時最久的任務其實離自家不遠，就發生在北愛爾蘭，是1969至2007年的旗幟行動（Operation Banner）。一開始，英方發動這場維安軍事行動，是希望能終止天主教與基督教社群間的衝突，當地人也樂見其成，但後來，愛爾蘭共和軍（Irish Republican Army，IRA）所代表的天主教民族主義組織開始仇視英軍，認為英國意圖占領北愛，於是雙邊陷入無止盡的轟炸、槍擊、暗殺與突襲，每週都有亂事上演，主戰場在愛爾蘭北部，但英國本土也受波及。北愛問題（The Troubles）在1998年解決，主要是因為耶穌受難日協議（Good Friday Agreement）的簽訂，但當時英方已有722名士兵死於叛軍攻擊，還有719人因其他緣故而死，另有6000多人受傷。

在1980年代初期，英軍打了一場很不一樣的戰爭，手法與前述的反恐及反叛亂

戰術相當不同。1982年3月，阿根廷入侵英國在大西洋極南端的領地南喬治亞（South Georgia）及福克蘭群島（Falkland Islands）。阿國長期都視這兩處為己方領土，因而出兵占領，一小群皇家海軍起初還奮勇抵抗，但不久後便敗下陣來，阿根廷也宣告獲勝。然而，英國幾天內就組成陸海空強力特遣部隊，遠航1萬3000公里要奪回群島，阿根廷也不甘示弱地以空中勢力大肆攻擊英國運輸船，擊沉7艘船艦，包括載運多數契努克大載重步兵運輸直升機的商船「大西洋運送者號」

西元1982年5月4日，雪菲爾號驅逐艦（HMS Sheffield）在福克蘭群島外海被飛魚式（Exocet）反艦飛彈擊中後燒了起來，火勢一發不可收拾。

（Atlantic Conveyor），雙方打得不相上下。話雖如此，英國部隊仍成功上岸，背負沉重裝備，沿福克蘭群島的崎嶇地形長途跋涉後，打了數場步兵戰，最後於6月14日收復首都史坦利港（Port Stanley）。在二戰之後，這是英軍最亮眼的一役。

另一方面，法國喪失印度支那的控制權後，阿爾及利亞的民族解放陣線（Front Libération de Nationale，FLN）也開始抗爭，使得情況雪上加霜，戰爭從1954打到1967年，最後法方落敗，失去對阿國的殖民權。鏡頭南移，撒哈拉沙漠以下的非洲諸國則深陷20世紀最血腥的內戰與後殖民衝突，剛果、比亞法拉共和國（Biafra）、安哥拉、莫三比克、幾內亞（Guinea）和羅德西亞（Rhodesia）的情況特別嚴重；印

英國步兵在1982年進攻史坦利港的最後階段中，背負沉重的裝備在崎嶇地帶前行。

古巴革命領袖卡斯楚（照片中央蓄鬍者）及追隨群眾。卡斯楚並未受過正規的軍事訓練，但仍成功帶領古巴人民發動革命。

度次大陸在1947年獨立並歷經印巴分治後，也始終為暴力衝突所擾，且動亂不斷。印度在1962年與中國發生邊境戰爭，並在1947至1958年、1965年及1971年三度與巴基斯坦交戰，70年代的那一場於12月6日發生在喀什米爾南部，是二戰後規模最大的坦克戰，印巴雙方派出裝甲部隊鏖鬥，最後印度勝出，孟加拉也因而獨立。

在世界另一頭，中南美洲則飽受革命戰爭所苦，極端叛亂組織與左右兩派的獨裁政權都大張旗鼓。斐代爾·卡斯楚（Fidel Castro）1959年發動古巴革命，在拉丁美洲散播蘇聯式共產主義的種子，使得中南美幾乎全都陷入意識形態衝突，某些國家甚至內鬥了好幾十年，並非數載而已。戰況最慘烈的包括尼加拉瓜、瓜地馬拉、委內瑞拉、哥倫比亞、玻利維亞、烏拉圭、智利和阿根廷，作戰方式多半是典型的小規模叛亂行動，不過平民百姓經常夾在各方之間，身陷恐懼，難以安穩度日。

本章所述的許多爭戰背後，都有蘇聯的干預與影響，所以這個超級強權自身情況又如何呢？1989至1991年間，由於經濟、政治與社會因素使然，共產主義在蘇聯及東歐崩盤，最具象徵性的事件包括柏林圍牆在1989年11月倒下，1990年兩德統一，以及蘇聯在1991年徹底瓦解。西元1979至1989年的阿富汗戰爭，是致使共產政權垮台的諸多因素之一：1979年12月25日，蘇聯部隊入侵阿富汗，目的在於對抗伊斯蘭聖戰軍，維繫喀布爾的親蘇政權，偏偏敵方專在偏遠地帶打游擊戰，且戰場經常在山區，

尼加拉瓜的康特拉（Contra）游擊隊，相片攝於1987年。康特拉有美國提供金援與物資，和尼國政府纏鬥長達10多年。

所以蘇軍雖然把傳統正規戰的砲艦機、大型火砲和裝甲部隊通通用上，仍因不適應這種作戰型態而一籌莫展，即使造成聖戰軍及不幸的無辜平民嚴重死傷，卻始終沒能有效牽制敵軍。打了10年之後，蘇聯見傷兵數已近5萬4千人，還有約1萬4500人喪生，於是決定撤兵，放棄掙扎；反觀阿富汗則繼續為內戰所苦，最後由極端組織塔利班（Taliban）於1996年勝出。

西元1945至1990年間，蘇聯在阿富汗潰敗，美國在越南的戰略失利，許多殖民勢力也遭到驅逐，顯示世界秩序全盤重整。這段時期雖然還是有許多傳統戰爭，但作戰形態已逐漸產生變化，開始以低層級的叛亂與反叛亂戰爭為核心，而持久度也取代火力強弱，成了決勝負的關鍵。不過在1990至2000年代，現代戰爭又再度變得更加複雜。

西元1984年4月，蘇聯的一隊戰車在阿富汗的偏遠山徑被聖戰軍突襲後起火。蘇軍遭遇這種攻擊時，通常會對平民居住的地區進行猛烈空襲，以示反擊。

第 7 章
戰爭
新紀元

從 1991 年的波斯灣戰爭（Gulf War）至今，全球戰場變相當複雜，交織著內戰、令人髮指的恐怖行動及大型國際鬥爭。目前看來，先進的數位科技，應當會是決定未來戰爭勝負的關鍵因素，不過，一路存續至今的傳統戰法，預估也依然會被繼續沿用。

英國為了將伊拉克軍逐出科威特，而在1991年1月發動沙漠風暴行動（Operation Desert Storm）。圖為第七裝甲旅的英國工程師在行動開始前，於沙烏地阿拉伯引爆地雷。

在 1990年8月2日，伊拉克獨裁者海珊派遣裝甲部隊僭越東南邊境，入侵鄰國科威克。事發前好幾天，伊拉克軍就已聚集於兩國交界處，但國際社群認為只是虛張聲勢的恫嚇行為，完全沒看出海珊真正的企圖；事實上，他是想逼迫隔壁的這個小國臣服於他的要求，藉以消除油田相關爭議和兩伊戰爭留給伊拉克的債務，結果在短短48小時內，伊軍就占領科威特全境，進而將其併吞為第19個行省。世界各大強國固然情報有誤，但一心認為可以永久控制這個新省分的海珊同樣錯得離譜。各國因為擔

美國的B-2幽靈戰略轟炸機（B-2 Spirit）在1994年的演練中，投擲出一整排Mk82炸彈。這種機型是新一代的「匿蹤戰機」，雷達很不容易偵測。

心伊拉克會侵略沙烏地阿拉伯，導致國際石油供應不穩，便在美國的主導下，於1990年8至11月間組成大規模聯軍，派遣大量兵力進駐沙烏地阿拉伯，以執行防禦導向的沙漠盾牌行動（Operation Desert Shield）。另一方面，雖然慘遭聯合國制裁及經濟封鎖，戰爭也已箭在弦上、一觸即發，海珊仍強硬地占據科威特不撤，因此聯合國在11月18日通過第678號決議（Resolution 678），將1991年1月15日訂為最後期限，要求伊拉克在那之前撤離，否則將出兵以武力手段驅逐。

全頻譜優勢

到了1991年1月16日，伊拉克部隊仍不動如山地盤踞科威特，所以聯軍也進入備戰狀態，超過16個國家參戰，地面部隊超過28萬人，戰車有2200多部，更有數百架戰鬥機、轟炸機及攻擊機，從歐洲和中東各地的地面基地以及美國的波斯灣航母出動支援，在1月16日至2月22日進行了二戰後最猛烈的空襲，時時刻刻都有軍機投彈，還有海軍的戰斧巡弋飛彈（Tomahawk cruise missile）以致命的精準度，攻擊伊拉克的軍事設施、指揮與管控系統、空軍基地、物資儲存庫、裝甲戰車、指揮碉堡和其他目標。

伊拉克軍在1991年2月企圖乘戰車逃離科威特，但慘遭美國空襲，那條路也因而被冠上「死亡公路」（Highway of Death）的駭人稱呼。

美國的M1艾布蘭主力戰車在1991年的沙漠風暴行動中高速推進。這種車型屬第三代坦克，採用多種燃料渦輪式引擎，並配備先進的電腦化火控系統。

在這場42天的空戰中，聯軍軍機的架次數高達10萬，讓伊方戰力一蹶不振，空軍部隊也徹底崩毀，甚至有140架戰機飛往伊朗避難。雖然伊拉克也以具一定威力的飛毛腿彈道飛彈（Scud ballistic missile）報復，但成效終究有限。

接下來，沙漠風暴行動的地面進攻任務也在2月24日啟動，實力堅強的大規模軍團計劃分成三線攻入伊拉克，接著再進占科威特。入侵行動開始前，聯軍和許多媒體都擔心這場戰役真的會成為海珊口中的「百戰之母」（the mother of all battles），一打不可收拾，畢竟伊拉克大軍大約有90萬人，是中東最堅強的軍隊之一，而且許多士兵都經歷過兩伊戰爭，還有5700台戰車及3700門火砲支援，不過事實很快就證明，伊軍在專業度、動態指揮與控制系統、武器和戰略方面都遠比不上聯軍，一次駭人的空襲就能讓整營士兵潰散投降，裝甲戰車駛離掩護處後，也常因聯軍使用位置偵查與監測系統（包括衛星監控），而在幾分鐘內就被空投的精準制導武器摧毀；面對美國的M1艾布蘭主力戰車（M1 Abrams）和英國挑戰者號戰車（Challenger），伊方坦克毫無勝算，往往在還未能搜索到敵軍之前，就被對方以較強的火力炸毀；步兵即使願意衝鋒陷陣，也不敵聯軍的強力槍砲與戰略，所以很快地就崩潰四散、被迫投降，就連菁英兵力組成的伊拉克共和國衛隊（Iraqi Republican Guard）也不例外。無論從哪個層面來看，聯軍都橫掃戰場，在地面行動開始100小時後就搶下勝利，雙方簽訂停戰協議，當時仍留在科威特境內的伊軍也被迫撤離。

這場仗贏得相對乾淨俐落，似乎讓美國揮別越戰的陰霾，也為某些戰略專家視為理想狀態的「全頻譜優勢」（Full Spectrum Dominance）寫下最佳註解，換言之，就是軍隊透過整合化的先進科技（尤其是網路通訊以及監控技術）、軍事專業化及難以匹敵的火力，在戰爭的所有層面取得壓倒性優勢。有些人認為沙漠風暴行動開啟了戰爭新紀元，甚至相信美軍和聯軍各國只要合作，就能打遍天下無敵手，不過後來事實證明，這話說得可太早了。

後共產時代戰爭

　　共產主義崩盤、蘇聯也解體後，世界秩序徹底翻轉，軍事版圖也大幅震盪。蘇聯陸軍逐漸由剛獨立的國家及俄羅斯聯邦（Russian Federation）的某些共和國瓜分，有好幾年的時間都處於混亂又疲弱的狀態，不過俄羅斯聯邦陸軍仍是全球最規模最大的軍隊之一，莫斯科直接管控的兵力在1996年達到67萬人，另有數以千計的裝甲戰車、火砲、飛彈及軍機，還有核子武器加持。話雖如此，實際情況並不如統計數字那麼美好，經濟困境、貪汙情事，以及根深柢固的霸凌文化都減損了俄軍的士氣與作戰能力，導致逃兵風氣開始盛行，更有許多年輕士兵受召入伍後，活生生地被欺凌致死，而先進裝備也多半缺乏維護、任其生鏽，甚至遭人偷竊。

位於格羅茲尼的車臣總統府在1994年燒毀，圖為在不遠處站崗守衛的車臣士兵。車臣戰爭相當激烈，程度不下二戰。

　　若想瞭解前蘇聯部隊的軍紀有多麼低落，最好的例子莫過於俄羅斯1994至1996年在車臣的戰爭。自1991年起，位於北高加索多山地區的車臣共和國開始盛行分裂主義

⊙ 俄軍的霸凌文化

　　從古至今，霸凌新兵是許多軍隊的陋習，如果部隊的專業要求與士氣特別低落，情況又會格外嚴重，不過在蘇聯及後共產時代的俄羅斯陸軍之中，這樣的惡習更是達到前所未見的醜陋境界，估計每年都造成數百名新兵喪生，有些自殺，有些則是直接受暴致死。俄文稱此現象為「dedovshchina」，意思是「祖父統治」（grandfatherism）：從軍時間已超過服役期一半的老兵擁有「dedy」（祖父）地位，新入伍的「molodoy」（意思是「年輕人」）則完全任他們操控擺布。基本上，新兵多半會像僕人般被老兵奴役，每天都得承受例行性的羞辱，並奉上錢與食物，要是沒把前輩服侍好，還會被嚴厲毒打，身陷人為製造的重大「意外」，有時甚至因而送命。在1990年代，祖父統治制對俄軍的士氣、招募與續留都造成嚴重影響，從軍也成了眾人爭相走避之事，在那之後，俄軍才開始有計劃地根除軍中最過分、最醜惡的各種霸凌作為。

西元1994年12月，年輕的俄國士兵正等候命令，準備出軍攻擊格羅尼茲。這場戰爭對俄軍新兵的身心造成嚴重耗損，許多人都因而沉迷毒品，逃避現實。

運動，起義人士發動反俄政變，宣布脫離俄羅斯聯邦獨立，所以在1994年12月，俄方派出大批軍隊入侵車臣，因為兵力、裝甲、火砲及空軍都具優勢而自覺勝券在握，很快就能收復失土，沒想到車臣士兵頑抗不屈，結合傳統與革命戰式打法，使俄軍死傷慘重。最後，雙邊開始以暴制暴，譬如俄方曾為了守住格羅茲尼（Grozny）而與車臣部隊鬥得天昏地暗，最後把整座城市夷為平地，過程中也因敵方在街頭巷尾發動的反坦克突襲攻擊，而損失了近2000台戰車。

俄軍最後雖保住格羅尼茲，卻也陷入長期的游擊戰而難以抽身。時至1997年，俄羅斯終於簽下暫時停火條約，但撤兵時已折損5700名兵力，車臣方更死了8萬人。

不過俄國並未就此打住，又再度揮師車臣，而且這次時間更長，從佛拉迪米爾·普丁（Vladimir Putin）上任總理的1999那年一路打到2009年，以車臣為基地的伊斯蘭聖戰組織於1999年8月入侵俄方的達吉斯坦共和國（Republic of Dagestan），是開戰的導火線。戰爭之初至2000年5月，雙方仍採傳統的常規戰法，而且和前次一樣打得

蘇霍伊蘇 27海軍攻擊戰鬥機（Sukhoi Su-27K，代號「Flanker」，為「側衛」之意）於1993年停靠在俄國庫茲涅佐夫號（Admiral Kuznetsov）的飛行甲板上。這艘軍艦至今仍是俄軍艦隊唯一的航空母艦。

如火如荼，不過2000年代初期，俄羅斯的軍事改革計劃發揮成效，改善了戰略與對火砲的使用，讓俄軍不再那麼依賴近身戰，從此脫胎換骨，傷亡數也大幅降低。格洛尼茲才被圍攻一個多月便淪陷，戰火也延燒至山區；到了2000年春天，車臣反抗勢力的主要據點多半已被鎮壓。在此之後，俄軍繼續打了很長一段時間的游擊戰，戰況時而和緩、時而激烈，車臣恐怖分子的攻擊甚至也波及俄國境內，但這場戰爭的反叛亂階段終究在2009年4月宣告完結。

毀於南斯拉夫內戰的波士尼亞村莊空拍照。這場內戰發生於1990年代，因為集結民族主義、種族歧視與宗教分裂等致命因子，而成了戰爭犯罪的溫床。

西元1999年，NATO對貝爾格勒發動空襲，圖為當地的內政部大樓在遭到轟炸後焚燒。西方國家與聯盟在介入時，通常喜歡採取空襲手段，這麼一來，就不必實際涉入地面戰爭。

　　蘇聯的瓦解不僅在車臣引發戰爭，南斯拉夫各加盟國間的種族、宗教及區域情勢，也在1980年代因共產主義的凝聚力減弱而逐漸緊繃，極端的民族主義領袖斯洛博丹‧米洛舍維奇（Slobodan Miloševi ）在1987年選上塞爾維亞總統後，問題又更惡化。米洛舍維奇致力推行「大塞爾維亞」主義，在1990年代初期企圖將南斯拉夫劃分成許多不同的聯邦與地區，但施行失敗，時至1992年春天，各加盟國已陷入內戰，打得四分五裂，戰火延燒了4年多。平民在爭戰時期總會被波及，而這場仗又特別讓百姓吃足苦頭，許多城鎮和村莊都在種族淨化行動中毀滅殆盡，其中又以波士尼亞與赫塞哥維納（Bosnia and Herzegovina）損失最為慘重，首都塞拉耶佛（Sarajevo）慘遭波士尼亞的塞爾維亞軍圍攻，並在長達3年又4週的攻城戰後淪陷。國際社群原本不想干涉，但波士尼亞的塞爾維亞人1995年7月再度出手，於斯雷布雷尼察（Srebrenica）屠殺了7000名波士尼亞克人（Bosniak），所以北大西洋公約組織（NATO）終於決定介入，一開始先對塞爾維亞軍機實施禁飛，後來則以波士尼亞塞爾維亞軍為目標發動實際空襲。NATO的干涉終究讓參戰方答應協商，《岱頓協定》（Dayton Accord）也在1995年12月正式簽署，雖有6萬名和平使者協助，但戰爭仍結束得有些勉強。

在整個1990年代，前南斯拉夫地區依然動盪不安，緊繃的種族關係在最後幾年再度引爆戰爭，這次的戰事集中於塞爾維亞的科索沃省。1996至1998年間，阿爾巴尼亞的科索沃解放軍（Kosovo Liberation Army，KLA）認為塞爾維亞政府有意侵吞阿國，所以逐步發動游擊戰來抵抗，而且手段一次比一次激烈，最後導致塞軍和南斯拉夫部隊於1998年在科索沃全面開戰，但戰場很快就淪為恐怖種族淨化的屠宰場，最後所有阿裔人民幾乎都被驅逐出境。後來是因NATO介入，對塞爾維亞施行為期11週的轟炸，和平協議才終於簽訂，讓數十萬的科索沃阿爾巴尼亞人得以返回母國。時至今日，前南斯拉夫的局勢仍舊緊繃不已。

阿富汗與伊拉克

如果說1990至1991年的波斯灣戰爭是西方軍事強權的極致展現，那麼始於2001年，並以各種形式延續至今的阿富汗及伊拉克戰爭則像一記警鐘，劃破了勝利的歡慶氛圍，更讓世人看見西方社會（以及理念類似的文化）和伊斯蘭極端主義分子之間的針鋒相對，正是在當今世界造成衝突的主要因素之一。

西元2001年的9月11日改變了現代歷史：當天，一架遭挾持的客機在刻意操控下衝撞紐約世貿中心南塔，造成爆炸起火；至於北塔則在稍早就因同樣的攻擊起火。

自1970年代起，伊斯蘭恐怖行動就開始在全球各地現蹤，一直持續到2000年代初期，不過，全世界都沒料到蓋達組織（Al-Qaeda）的恐怖分子會在2001年9月11日於空中挾持4架美國國內航線客機，並駕駛其中2架撞擊世貿中心，使南北雙塔都應聲倒塌；第3架衝入五角大廈，第4架則於賓州墜毀。這場攻擊當天在美國本土造成2977人死亡，無疑是人類史上最殘暴的恐怖事件。

這起攻擊對美國造成珍珠港事變以來最嚴重的刺激，國際社會的重要盟友也隨即表態要與美方一同以武力制裁蓋達組織，以及窩藏、袒護恐怖分子的同謀，而首當其衝的目標，就是因塔利班政府同情包庇而成為蓋達大本營的阿富汗。塔利班拒絕交出賓拉登後，美國直接涉入的層面越來越廣，一開始主要只是透過中情局和特種部隊支援阿國境內的反塔利班組織北方聯盟（Northern Alliance），但很快就演變成空襲及大規模駐軍。

美軍和北方聯盟合作，很快就透過持久自由行動（Operation Enduring Freedom）推翻塔利班，並拿下喀布爾及坎達哈（Kandahar）。2001年12月，美國、阿富汗及巴

美國國防部的照片，顯示美軍透過突襲轟炸，對蓋達組織的加馬巴克-格哈（Garmabak Ghar）恐怖分子訓練營所造成的破壞。

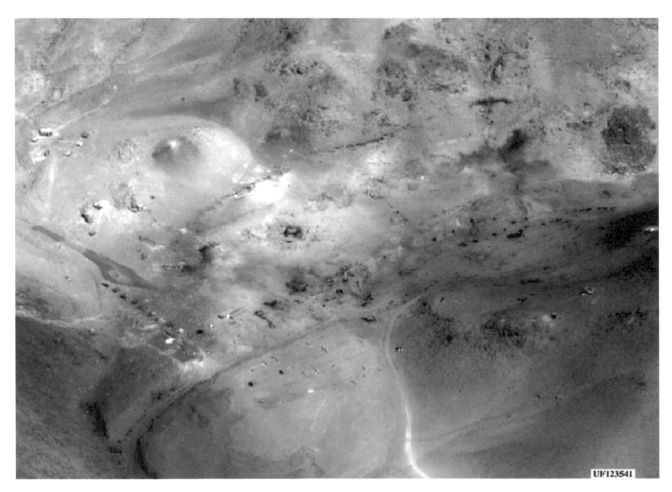

UF123541

⊙ 蓋達組織

　　蓋達組織（原文為「Al-Qaeda」，字面意義為「基地」）是信奉極端伊斯蘭主義的軍事組織，由賓拉登（Osama bin Laden）於1980年代成立，而他也正是對美發動911事件的主謀。這個組織是在蘇聯與阿富汗之戰的尾聲於阿國成形，戰後則開始以聖戰（jihad）為宗旨，對抗美國、西方文化，以及崇尚西方生活與政府的伊斯蘭教國家及民族。1990年代前半，蓋達是以蘇丹為基地，1996年將總部遷至阿富汗後，勢力及影響範圍才逐漸擴大，行動也漸趨大膽，更有多達數萬人的成員散布在世界各地，讓組織得以透過越發魯莽的手法發動一連串攻擊，像是1998年轟炸肯亞奈洛比和坦尚尼亞三蘭港（Dar es Salaam）的美國大使館，以及2000年在葉門亞丁（Aden）對美方的科爾號（Cole）驅逐艦進行自殺炸彈攻擊，不過要到911事件後，蓋達才真正成為全世界最想繩之以法的恐怖組織。雖然國際社會為此發起大規模的軍事及情報行動，且美國特種部隊也於2011年在巴基斯坦逮捕並處決了賓拉登，但蓋達仍維持著一定的勢力，而且由於組織架構分散，所以很難根除。

國際恐怖組織蓋達的創始者賓拉登，他行蹤成謎，連美國國家安全機構都難以確切掌握。情報機關追捕了他10年後，才終於在巴基斯坦找到他並予以處決。

基斯坦軍隊在托拉波拉（Tora Bora）打了重大的一役，之所以在該處開戰，是因為賓拉登藏身的複雜山洞就在賈拉拉巴德西南方。雖然聯軍造成蓋達嚴重死傷，也投擲好幾噸的彈藥將山區岩石炸碎，但賓拉登仍逃之夭夭，任務宣告失敗。

不過，2001年的戰役還只是開端而已，整場行動拖了約莫14年，成了美國史上歷時最久的軍事部署。塔利班於初期被推翻後，這場戰爭大致分為兩個階段，第一階段大約在2001至2009年，美軍著重攻擊塔利班在鄉村及山區的基地，並著手重建阿富汗的軍事及政府基礎建設，以防範組織捲土重來，而國際上也有許多盟友加入支援，統稱駐阿富汗國際維和部隊（International Security Assistance Force，ISAF）；到了第二階段，由於安全局勢惡化，美方難以控制，所以歐巴馬總統在競選那年授權大規模擴軍，共增派3萬名士兵，以贏得反叛亂戰為核心目標，但一直打到2012年都勝負不明，所以後來加派的部隊也在當年度完全撤離，兩年後，美國和NATO便正式宣布作戰行動告終。

英國士兵與阿富汗國民軍（Afghan National Army，ANA）的機關槍手（照片前景處衣服不同色者）合作，在阿國進行槍戰。由於聯軍的火力占優勢，塔利班通常會避免長時間交火。

美國打了國史上最長的一戰，究竟贏來了什麼呢？事實上，這場仗的確有其助益，當時阿富汗開始能舉辦自由選舉，多數人民也得以甩脫塔利班極端統治的恐怖陰影，但就許多層面來看，美方的戰略實屬失敗：阿國許多區域仍動盪不安，美軍離開後，塔利班趁勢接管，還發動攻擊，造成大量民眾死傷；美國2001至2009年間雖在當地投入380億美元的資金，但基礎建設改善不多，政府也不甚穩定，且常有貪污情事；再者，阿富汗生產的鴉片仍多達全球產量的90%，所以不管怎麼看，這場戰爭都很難算是打贏。

而在探究美軍失敗的原因前，我們應該先回顧美國反恐戰爭中的另一場大規模衝突，也就是2003年入侵伊拉克的行動。在911事件的餘波之中，小布希總統將焦點轉向當時仍由海珊鐵腕統治的伊拉克。當時有情報指控伊國持有核子及生化型的大規模毀滅性武器（Weapons of Mass Destruction，WMD，但後來證明只是空穴來風），以及在國際間資助恐怖行動，海珊也被迫接受聯合國的武器檢查，結果因不願配合，所以在2003年3月17日收到最後通牒，被勒令在48小時內下台並離境，否則就會面臨武力性的強制驅逐，而當時美國及聯軍部隊也已大規模部署在鄰近地區準備行動。當年3月20日，17萬7千多名聯軍士兵進入伊國境內，但目標與前一次入侵不同，這次，他們要海珊交出統治權，讓伊拉克改朝換代。

AH-64阿帕契（AH-64 Apache）是威力強大的雙座（可容納駕駛及火砲手）攻擊式直升機，在伊朗及阿富汗都大量使用，機鼻處配有先進的目標識別瞄準系統及飛行員夜視系統。

美洲獅防地雷反伏擊車（Cougar Mine Resistant Ambush Protected，MRAP）在伊拉克安巴爾（Al-Anbar）被簡易爆炸裝置炸毀，不過載員艙因防護功能正常發揮，所以大致完好無缺。

　　聯軍在這場行動中的策略有異於1991年，不打前導式空戰，而是直搗黃龍，不過實際進攻前仍派出大批軍機，持續在戰場上空巡航。美國部隊很快就攻入巴格達，並於4月9日將其拿下，而英軍也在同一天奪下伊拉克的主要港口巴斯拉（Al-Basrah）。這時，海珊已經逃脫，他的家鄉提克里特（Tikrit）則在4月13日淪陷，不過他本人要到2003年12月才被捕，並因反人道罪行遭伊拉克政府定罪，最後在2006年12月30日被吊死。這場勝利讓小布希總統志得意滿，並於5月1日登上林肯號航空母艦（USS Abraham Lincoln）宣布主要作戰行動告一段落，艦上還掛出「任務完成」（Mission Accomplished）的布條，而美國國防部長唐納・倫斯斐（Donald Rumsfeld）也大動作地在同一天宣稱美方在阿富汗的軍事任務基本上已完全結束。

結果這兩位首長都錯得離譜——後續的混亂導致伊拉克的安全局勢很快就再度惡化，新的派系、民兵組織、軍閥及叛亂分子紛紛出現，開始對伊國人民、美軍及聯軍施行極端游擊戰，全國各地每天都有數十個簡易爆炸裝置（improvised explosive devices，IED）引爆，突襲與刺殺行動接連不斷，求生存成了多數平民的唯一要務；至於美方同樣損失慘重，小布希總統宣布「任務完成」時，聯軍其實已有約150人喪命，到了2007年，死亡人數更超過3000人，至此，伊拉克戰爭已成了使美國不勝其擾的棘手難題。

一直到2011年12月，美方和國際聯軍才從伊國撤退，當時英、美各已折損179及4496名士兵，其他國家也有139人身亡，伊拉克維安部隊的死亡數則高達1萬7690；聯軍與伊拉克軍共有約11萬7千人受傷，不過前線的傷患後送（casualty evacuation，簡稱casevac）及治療品質極佳，所以在伊拉克和阿富汗有90%的聯軍傷兵都得以存活。

不過在2011年之後，國際勢力仍持續介入伊拉克的事務，其中又以美國干預得特別深。伊國情勢仍舊動盪不安，且同年還有一個新的極端伊斯蘭主義叛亂團體崛起，也就是當地前蓋達成員於2006年成立的伊拉克伊斯蘭國（Islamic State in Iraq，ISI）。這個國際性組織的目標是在中東樹立基本教義派的伊斯蘭政權，在遭到入侵後風雨飄搖的伊拉克，以及當時為內戰所苦的鄰國敘利亞都相當活躍（敘國內戰在下文會詳加

英國契努克戰機於2006年在阿富汗赫爾曼德省（Helmand Province）進行醫療後送。由於戰地醫療進步又迅捷，所以92%的聯軍傷兵都得以生還，順利返回母國。

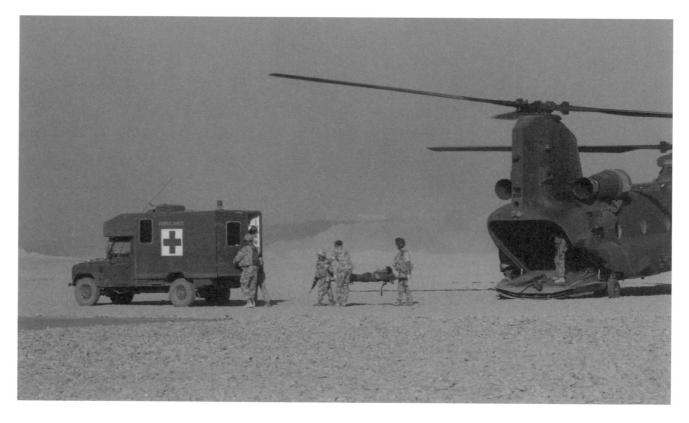

伊拉克和黎凡特伊斯蘭國的士兵擺出姿勢拍照。照片中的所有人都配備源於蘇聯／俄羅斯的SVD德拉古諾夫半自動狙擊步槍（SVD Dragunov），所以應該是狙擊部隊。

討論）。ISI自2010年起由阿布·貝克爾·巴格達迪（Abu Bakr al-Baghdadi）領軍，在敘利亞的拉卡（Al-Raqqah）建立了基地，並於2013年改名為伊拉克和黎凡特伊斯蘭國（Islamic State in Iraq and the Levant，ISIL），擴張的野心不言而喻。

全世界之所以會為ISIL所震驚，原因有二：一是組織手段殘酷至極，二則是其令人始料未及的成功。ISIL經常公開執行大規模處決及駭人酷刑，將恐懼作為招兵買馬及征服鎮壓的主要工具，2015年5月已在伊拉克及敘利亞直接控制面積高達10萬6000平方公里的土地，以及約800至1200萬的人民，並透過戰爭拿下伊國數個重要城市，包括費盧傑（Al-Fallujah）、拉馬迪（Al-Ramadi）及摩蘇爾（Mosul），充分展現軍事實力，也在2015年攀上高峰。不過，以美國為首的聯合特遣隊（Combined Joint Task Force，CJTF）在2014年組成，並開始執行「堅決行動」（Operation Inherent Resolve，OIR），對ISIL發動空襲，美方也派出特種部隊並提供火砲，支援伊拉克及敘利亞的兵力對抗ISIL。漸漸地，該組織開始因多戰線夾擊而耗竭，幾乎失去在伊國打下的所有領土，不過仍堅持到與敵軍打完漫長又血腥的城市近身戰後，才終於退出較大的城市與鄉鎮。2019年10月26日，巴格達迪在敘利亞伊德利布省（Idlib

Province）的巴里沙（Barisha）被美國特種部隊圍困，最後引爆自殺炸彈背心自我了結。

　　這場對抗ISIL的行動的確擊垮了這個曾使人心惶惶的廣大組織，但叛亂團體通常都像多頭猛獸，難以真的徹底殲滅，時至今日，ISIL殘餘的成員和分支團體仍遍布中東、北非、阿富汗、巴基斯坦和許多地區，並持續發動恐怖攻擊、干涉他方戰爭，在未來勢必仍會威脅世界安全。

在2017年1月8日的摩蘇爾之戰中，伊拉克反恐局（Counter Terrorism Service，CTS）的特種部隊士兵對ISIL的無人機開火。當時，即使是非政府人士，也已能取得無人機技術了。

阿拉伯之春及敘利亞

對中東與北非而言，2010至2020年堪稱多事之秋，社會與政治都動亂不堪。本質上而言，許多阿拉伯國家都屬獨裁政體，並不採民主制度，但在2010至2011年間，提倡民主的抗爭如漣漪般擴及整個地區，其中又以突尼西亞、埃及、巴林、葉門和敘利亞的情況特別劇烈。這一連串的起義統稱為「阿拉伯之春」（Arab Spring），在每起事件當中，平民與國家安全機構間都發生了程度不一的暴力衝突，民間團體與民兵組織也因宗教、政治與種族因素而以暴行互鬥，不過眾家的結果倒各不相同。舉例而言，埃及和突尼西亞的人民透過阿拉伯之春，成功爭取到直選政府官員的權利，巴林的反抗行動卻在1個多月內就被政府鎮壓平息，至於利比亞和敘利亞的政治抗爭則演變成全面開戰，且和先前的反ISIL戰爭一樣，迅速引來世界各國插手介入。

反利比亞獨裁者穆安瑪爾·格達費（Muammar al-Qaddafi）的武裝暴動始於2011年初，反抗軍由平民、民兵團體與叛逃的專業士兵混雜而成，他很快就不敵格達費的常備軍隊，被逼回東部，為此聯合國於3月17日通過決議，不僅在利國上空劃定禁飛區（等同直接封鎖政府對反叛方的空軍攻擊），還授權實施「所有必要措施」以保護平民。也因此，NATO開始對利比亞的地面部隊發動空襲，讓反叛軍得以在8月捲土重

在2011年的利比亞起義行動中，反抗分子對效忠統治者格達費的政府士兵連續發射火箭砲，一旁的同袍則舉槍慶祝。

來，再度進攻。這次他們猛力推進，還拿下首都的黎波里，格達費棄權潛逃，並於2011年10月中在蘇爾特（Surt）被抗爭分子逮捕處決。

可惜的是，格達費被驅逐、處死後，人民並未能獲得原先期待的穩定與和平，事實上，利比亞反而逐漸分裂成許多權力派系及對立政府，各方都想爭奪利益，再加上軍閥逞威、外界勢力干預，該國又再度打起內戰，而且在本書寫成之時仍戰火連天。

在利比亞發生首波叛亂的1個月後，敘利亞的民主抗爭也開始沸騰，反抗巴沙爾・阿塞德（Bashar al-Assad）的專制政府，並在短短幾個月內擴大成嚴重內戰，戰爭的激烈程度與破壞規模都相當驚人，估計至今已造成50萬人喪命，而且主要都是四面楚歌、束手無策的平民；除此之外，戰場也飽受摧殘，程度不下二戰，譬如阿勒坡（Aleppo）在4年多的對戰及轟炸之後，幾乎只剩一片廢墟，有「敘利亞的史達林格勒」之稱。這場仗雖是內戰，但他國介入甚深，伊朗支持敘國政府，俄羅斯也出人意表地加入阿塞德陣營，自2011年起開始提供軍事資源，更在2015年後直接派兵，主要負責空襲。由於俄國涉入，西方國家也感到出手之必要，因而開始透過CJTF執行OIR，以ISIL為主要目標發動空中轟炸，同時也攻擊敘國的政府部隊。反阿塞德的陣營包括卡達、土耳其、沙烏地阿拉伯、美國、英國、歐盟和阿拉伯國家聯盟（Arab League），但各反抗團體的意圖不同，且經常有所衝突，所以涉戰各國經常面臨道德上的艱困抉擇。直到2020年，敘利亞內戰都仍未結束，不過阿塞德政府似乎已鞏固政權，而抗爭分子則受困相對較小的地區，只能以敘國極北與極南處為基地。

敘利亞內戰期間，一名反政府士兵對敵軍發射拖式反戰車導彈（TOW）。操作人員將十字準線瞄準，引導飛彈擊中目標。

未來戰爭

　　雖然1991年的沙漠風暴行動執行得乾淨俐落（至少作戰手法相當單純），一掃越戰陰霾，但阿富汗、伊拉克和敘利亞等地的纏鬥卻形成令人警醒的對比，徹底喚回當年在越南的噩夢，並在在印證現代叛亂的嚴重性。這種戰爭的參戰分子龐雜，再加上各方常有複雜難解的利益衝突，所以就連美國這種超級強權都很難掌控。

　　不過許多跡象都顯示，相較於近年發生的戰爭，未來戰場將會截然不同。首先，在本書寫成之時，國際社會的策略性權力平衡似乎已出現變化徵兆：超級強權中國先前並未介入耗費龐大的中東及阿富汗戰爭，但現已開始在軍事上投入大量資金，軍隊規模以及技術成熟度都突飛猛進，更有數項科技引起西方各國關注，尤其是被有些人暱稱為「航母殺手」的東風21D高超音速（又稱「極音速」）反艦彈道飛彈和SC-19反衛星

敘利亞空軍在2013年12月對阿勒坡發動桶裝炸彈攻擊後，民眾在當地查看破壞情況。該場攻擊至少造成35人死亡。

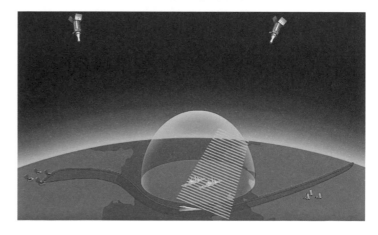

俄羅斯「先鋒」高超音速推進滑翔洲際彈道飛彈的飛行示意圖。彈頭會以超高音速飛行，但仍可巧妙調整，閃避飛彈防禦系統。

追蹤式無人戰車「米洛斯」（Milos）於2019年在塞爾維亞展示。這種系統未來可能會與AI人工智慧結合，發展成能夠制定交戰決策的自主性裝置。

系統，兩者都可能對美國的航空母艦及衛星導航／監控系統這兩大核心軍事資產造成威脅；另一方面，俄羅斯軍火庫也增添許多威力強大的新科技，特別是「先鋒」（Avangard）高超音速彈道飛彈系統，其飛行速度為音速的20倍，幾乎不可能攔截。此外，俄國同樣開發了高超音速反艦飛彈，名為3M22鋯石飛彈（3M22 Zircon），不讓中國專美於前。

　　不過，西方國家同樣也在軍事上高速創新，所以未來戰場會以怎樣的形式轉變，戰術與策略層面的大量技術革新將扮演決定性角色。就當前發展來看，我們可以合理預測大批武裝無人機將能有組織地共同執行任務，以驚人的速度衝破窗戶，飛入建築追捕敵方目標；士兵也可透過屈光眼鏡，把視線死角看得一清二楚；無人航空載具（Unmanned Aerial Vehicles，UAV，詳情請見下方的獨立區塊說明）不僅會成為主要作戰機型（甚至連在航母上都不例外），配置AI系統後還會因而進化，能以自主或近自主的方式決定是否要交戰；另一方面，AI也會應用於其他許多武器，像是可從遠端部署的反裝甲導彈系統、地雷，甚至是裝甲戰車。事實上，就連「機器人部隊」這種對於軍事科技的極端想像，都不再顯得那麼超現實、那麼不可能成真了。

一名美國海軍士兵正在操作小型地面無人載具，利用裝置上的攝影機在演習時蒐集資訊，藉以對IED進行位置偵測、辨識、拆除與處置。

　　此外，戰略上可能也會有新發展，譬如某些人認為俄羅斯偏好打未來型態的「混合戰」，會結合傳統戰法（經常是由政府資助民兵組織出戰，而非派出官方部隊

負責）、革命戰模式、政治宣傳與操弄，以及極為關鍵的網路戰，藉以達成軍事目標。軍事行動向來都不只是上場打仗殺敵而已，所以混合戰是否能算是新的概念，仍有爭議，但可以肯定的是，網路世界未來勢必會成為戰場，而且這種虛擬戰其實早已開打：烏克蘭公私部門的許多機關在2017年遭受密集的網路攻擊，銀行、政府與公用事業都深受其害，而幕後黑手可能是俄國的情報機構；到了2010年，伊朗的核子計劃也因惡意軟體「震網」（Stuxnet）而嚴重毀損，後來相關消息證實這種病毒是由美國與以色列共同研發。

在本書中，我們見證了軍事史上許多兵戎相見、砲火連天的殘酷場面，與此相比，網路空間的針鋒相對似乎顯得較為溫和，甚至是不流血的戰爭，但當今的世界如此依賴數位系統與資料處理機制，所以誰都難以保證網路戰不會引發實體戰爭，最後又將全球都捲入風暴。

⊙ 無人航空載具

　　無人航空載具（UAV）是機上沒有駕駛的遙控型飛機，並不是現代才發明，事實上，UAV技術最早的相關實驗在1900至1920年就已出現，主要是為了製造無人機以用於反戰機槍砲訓練。不過，UAV是到冷戰期間才開始現身戰場，多半是用來對敵方作戰空間進行精細監控，而不必讓飛行員承受風險，美國和以色列在1960與70年代的越戰及以阿戰爭中，都利用了UAV的這項功能，而以國也把這種載具當做誘餌，替有駕駛的戰機引開敵方的SAM砲彈。在1990至2000年代早期，無人戰鬥航空載具（Unmanned Combat Aerial Vehicles，簡稱UCAV，也就是可架設及發射火砲的UAV）大量出現，主要由美軍用於追擊獵殺。這種攻擊裝置成了「反恐戰爭」的核心要角，能在作戰區或禁區上空盤旋數小時，並以內建的監控設備進行辨識作業，消除點狀或高價值目標，由於全球通訊技術高度進步，駕駛即使人在美國基地，仍可即時操控在阿富汗執行作戰任務的UCAV。未來，UAV和UCAV的種類將比以往都來得更多元，從小如昆蟲、可藏在建築內暗中監測的裝置，到策略型轟炸機都有，而且功能強大。有鑑於此，有人戰機往後是否會繼續使用，目前仍是個問號。

配備AGM-114地獄火飛彈（AGM-114 Hellfire）的MQ-1掠奪者無人攻擊機（MQ-1 Predator）在阿富汗南部執行作戰任務。這種無人機可由距離戰場數千公里遠的操作人員透過資料鏈來控制。

圖片來源

Alamy

21 David Lyons/Alamy Stock Photo

26 Adam Eastland Art + Architecture/Alamy Stock Photo

28 Granger Historical Picture Archive/Alamy Stock Photo

38 (top) Pictorial Press Ltd/Alamy Stock Photo

54 (top) Granger Historical Picture Archive/Alamy Stock Photo

54 (below) Ann Stewart/Alamy Stock Photo

56 (below) Realy Easy Star/Alamy Stock Photo

60 Science History Images/Alamy Stock Photo

66 Tim Graham/Alamy Stock Photo

68 CPA Media Pte Ltd/Alamy Stock Photo

71 Granger Historical Picture Archive/Alamy Stock Photo

72 Science History Images/Alamy Stock Photo

77 Holmes Garden Photos/Alamy Stock Photo

78 (top) Historical Images Archive/Alamy Stock Photo

82 Octavio Relics/Alamy Stock Photo

91 Walker Art Library/Alamy Stock Photo

92 (below) Everett Collection Inc/Alamy Stock Photo

102 The Picture Art Collection/Alamy Stock Photo

104 (top) North Wind Picture Archives/Alamy Stock Photo

104 (below) Granger Historical Picture Archive/Alamy Stock Photo

110 Archive PL/Alamy Stock Photo

111 Mark Hodson Photography/Alamy Stock Photo

115 Chronicle/Alamy Stock

118 Everett Collection Inc/Alamy Stock Photo

123 (below) Universal Images Group North America LLC/Alamy Stock Photo

125 William Silver/Alamy Photo

128 (top) Interfoto/Alamy Photo

129 Art Collection 2/Alamy Photo

136 (top) Royal Armouries Museum/Alamy Stock Photo

139 Interfoto/Alamy Stock

146 The Picture Art Collection/Alamy Stock Photo

153 DPA Picture Alliance/Alamy Stock Photo

158 Chronicle/Alamy Stock

160 De Luan/Alamy Stock

161 Interfoto/Alamy Stock

167 Interfoto/Alamy Stock

171 World History Archive/Alamy Stock Photo

172 (top) Sueddeutsche Zeitung Photo/Alamy Stock Photo

174 Gary Eason/Flight Artworks/Alamy Stock Photo

177 Everett Collection Historical/Alamy Stock Photo

179 Granger Historical Picture Archive/Alamy Stock Photo

180 World History Archive/Alamy Stock Photo

181 mccool/Alamy Stock Photo

183 (top) Interfoto/Alamy Stock Photo

183 (below) Granger Historical Picture Archive/Alamy Stock Photo

184 Chronicle/Alamy Stock Photo

189 (below) World History Archive/Alamy Stock Photo

191 Pictorial Press Ltd/Alamy Stock Photo

193 Glasshouse Images/Alamy Stock Photo

199 Dino Fracchia/Alamy Stock Photo

202 Everett Collection Historical/Alamy Stock Photo

205 Everett Collection Historical/Alamy Stock Photo

208 Everett Collection Historical/Alamy Stock Photo

209 Keystone Press/Alamy Stock Photo

218 (below) Peter Jordan/Alamy Stock Photo

220 Alain Le Garsmeur 'The Troubles' Archive/Alamy Stock Photo

223 (below) Art Directors & TRIP/Alamy Stock Photo

227 World History Archive/Alamy Stock Photo

232 TASS via Getty Images

236 Department of Defense/Getty Images

237 World History Archive/Alamy Stock Photo

239 Stocktrek Images, Inc./Alamy Stock Photo

241 Andrew Chittock/Alamy Stock Photo

247 (below) ITAR-TASS News Agency/Alamy Stock Photo

Axiom Maps
27, 36 (top), 42, 62, 123 (top), 128 (below).

Bundesarchiv
165, 173 (below).

Cambridge University

8 Marta Mirazon Lahr, Leverhulme Centre for Human Evolutionary Studies, Cambridge University.

Getty Images

244 Chris Hondros/Getty Images
246 Ahmed Ebu Bera/Anadolu Agency/Getty Images
247 (top) Salih Mahmud Leyla/Anadolu Agency/Getty Images

Imperial War Museum
163 (below)

Library of Congress
142

Metropolitan Museum of Art
41 (top), 51 (below), 70, 84 (top).

Public Domain
34 (top), 46, 48, 76, 78 (below), 79 (top), 81, 83, 120, 149, 182, 196, 198 (below), 206 (below), 215 (below), 216 (below), 218 (top), 226, 228, 242, 248 (below).

Reuters
217

Shutterstock
19, 20, 36 (below), 39, 40, 45, 75, 88 (top), 116, 198 (top).

Wikimedia Commons
9, 12, 13, 14, 15, 16, 17 (top), 17 (below), 18, 22, 23, 24, 25, 30, 31, 32, 34 (below), 35, 37 (top) and (below), 38 (below), 41 (below), 49, 50, 51 (top), 52, 53, 55, 56 (top), 57, 58, 59, 63, 64, 65 (top) and (below), 67 (below), 69, 73 (top) and (below), 74, 79 (below), 84 (below), 85, 86, 87, 89, 90, 92 (top), 93, 94, 95, 96, 97, 98, 99, 100, 101, 103, 105, 106, 107, 108, 109, 113, 117, 119, 122, 124, 126, 130, 131, 132, 133, 134, 136 (below), 137, 138, 140, 141, 143 (top), 143 (below), 144, 145, 147 (top) and (below), 148, 150, 151, 154, 155, 159 (top) and (below), 162, 166 (top) and (below), 168 (top) and (below), 172 (below), 173 (top), 175, 178, 186, 187, 189 (top), 190, 195, 197, 200, 201, 206 (top), 207, 210, 211, 213 (below), 214, 216 (top), 221 (top), 223 (top), 230, 238, 240, 248 (top), 249.

國家圖書館出版品預行編目(CIP)資料

世界戰爭圖鑑：從帝國遠征到世界大戰，從革命運動到恐怖攻擊，一部
橫跨 5000 年的人類交戰史/ 克里斯.麥可納布（Chris McNab）作；戴
榕儀譯. -- 初版. -- [臺北市]：創意市集出版：英屬蓋曼群島商家庭傳媒
股份有限公司城邦分公司發行, 2021.11
　　面；　公分
譯自：A history of war：from ancient warfare to the global
　　　conflicts of the 21st century.
ISBN 978-986-0769-29-6（平裝）

1. 戰史　2. 軍事史　3. 世界史

592.91　　　　　　　　　　　　　　　　　　　　　　110012308

2APB23

世界戰爭圖鑑

從帝國遠征到世界大戰，從革命運動到恐怖攻擊，一部橫跨5000年的人類交戰史

A History of War: From Ancient Warfare to the Global Conflicts of the 21st Century

作　　　者：克里斯・麥可納布 Chris McNab
譯　　　者：戴榕儀
責 任 編 輯：張之寧
內 頁 設 計：家思編輯排版工作室
封 面 設 計：任宥騰
行 銷 企 畫：辛政遠、楊惠潔
總　編　輯：姚蜀芸
副 社 長：黃錫鉉
總　經　理：吳濱伶
發　行　人：何飛鵬
出　　　版：創意市集
發　　　行：英屬蓋曼群島商家庭傳媒股份有限公司城邦分公司
香港發行所：城邦（香港）出版集團有限公司
　　　　　　香港灣仔駱克道 193 號東超商業中心 1 樓
　　　　　　電話：(852) 25086231
　　　　　　傳真：(852) 25789337
　　　　　　E-mail：hkcite@biznetvigator.com
馬新發行所：城邦（馬新）出版集團
　　　　　　Cite (M) Sdn Bhd
　　　　　　41, Jalan Radin Anum, Bandar Baru Sri Petaling,
　　　　　　57000 Kuala Lumpur, Malaysia.
　　　　　　電話：(603) 90578822
　　　　　　傳真：(603) 90576622
　　　　　　E-mail：cite@cite.com.my
展 售 門 市：台北市民生東路二段 141 號 7 樓
製 版 印 刷：凱林彩印股份有限公司
初 版 2 刷：2023 年 10 月
I S B N：978-986-0769-29-6
定　　　價：780 元

若書籍外觀有破損、缺頁、裝訂錯誤等不完整現象，想要換書、退書，或您有大量購書的需求
服務，都請與客服中心聯繫。

客戶服務中心
地　　　址：10483 台北市中山區民生東路二段 141 號 2F
服 務 電 話：（02）2500-7718、（02）2500-7719
服 務 時 間：週一至週五 9：30～18：00
24 小時傳真專線：（02）2500-1990～3
E-mail：service@readingclub.com.tw